2단계

재미로 풀고 놀이로 익히는 **단계별 학습 프로그램**

비타민 바로바로 수학

소담 주니어

비타민 바로바로 수학
이렇게 지도해 주세요

1 지적 호기심을 자극해 '수' 를 즐기게 한다

호기심 많은 아이들의 뇌는 스펀지처럼 흡수력이 빠르므로 다양한 색을 통해 시각을 자극해 주고, 색 또는 모양의 패턴을 통해 수학의 기본을 학습하도록 합니다. 유아들이 수를 인식하기 시작할 때 호기심을 만족시키려는 자기 발견적인 흥미 위주의 교육이 되어야 학습 만족을 줄 수 있습니다.

2 능력에 맞게 생각하며 공부한다

비타민 바로바로 수학은 3~4세의 유아 단계부터 초등학교 입학 전 단계까지 과정에 맞추어 난이도가 확실히 구분되어 유아의 능력에 맞는 단계부터 시작할 수 있습니다. 기존의 단순한 문제 나열식이 아닌 원리를 익힌 후에 문제를 풀어 봄으로써 아이 스스로 원리를 깨우칠 수 있도록 생각하고, 사고할 수 있게 하였습니다.

3 익힘장으로 110% 복습을 하게 한다

어떻게 해야 우리 아이가 공부를 잘할 수 있을까? 공부의 기본은 복습입니다. 그러나 유아기의 아이들은 새로운 것에 더욱 호기심을 갖게 되므로 복습을 소홀히 할 수 있습니다. 그러나 가장 좋은 학습 방법은 한 번 배운 내용을 다시 익히고, 반복하는 과정을 통하여 아이의 뇌에 오랜 시간 기억할 수 있습니다. 「비타민 바로바로 수학」 시리즈는 복습을 철저히 활용하도록 내용을 체계적으로 구성하였습니다.

수학적 지능을 높여 주는
「비타민 바로바로 수학」 시리즈

「비타민 바로바로 수학」은 아이의 연령과 학습 능력을 고려하여 단계별로 학습할 수 있도록 8단계로 구성하였습니다. 지적 호기심 많은 유아들의 두뇌를 자극시키는 데 도움이 되도록 미로, 패턴, 추리, 창의적인 과정을 쉽고 재미있게 익힐 수 있도록 하였습니다. 「비타민 바로바로 수학」은 영아부터 초등학교 입학 전 아동이 배워야 할 학습 내용이 탄탄하게 구성되어 있으므로 무리한 학습 성취도를 요구하지 않고, 원리부터 이해할 수 있도록 "왜 그렇지?" 하고 생각하는 창의적인 힘을 기르게 하는 프로그램입니다.

구성과 특징

1단계 선 긋기, 비교, 짝짓기, 여러 가지 모양을 통해 자연스럽게 수학적 사고력을 발달시킵니다. 1~10까지의 수를 점과 그림을 통해 수학적 개념을 인지할 수 있도록 하였습니다.

2단계 개수 익히기, 수의 크기, 차례수, 사이의 수를 익히고, 수와 개수 관계를 이해하도록 하였습니다. 5 이하 수의 덧셈, 뺄셈을 익히게 하였습니다.

3단계 차례수, 모으기와 가르기를 통해 한 자리 수의 덧셈과 뺄셈을 자연스럽게 이해하도록 하였습니다. 30까지의 차례수를 읽고, 쓸 수 있어야 하고 큰 수와 작은 수 개념을 통해서 수인지를 확립하게 하였습니다.

4단계 수학적 기초 지식과 원리 이해는 판단력 발달을 가져옵니다. 비교 개념, 지능개발, 20~50까지의 수를 익히고 덧셈, 뺄셈을 바탕으로 좀더 심화된 학습을 하도록 하였습니다.

5단계 100까지의 차례수를 익히고 받아 올림이 없는 두 자리 수의 덧셈, 뺄셈을 익히도록 구성하여 덧셈과 뺄셈에 자신감과 성취감을 갖도록 구성하였습니다.

6단계 받아올림과 내림이 없는 덧셈과 뺄셈을 통한 계산력 향상을 바탕으로 10의 보수를 이해하고, 받아올림과 내림을 반복 학습함으로써 계산력에 자신감을 갖게 하였습니다.

7단계 묶음 수와 낱개의 개념이해를 바탕으로 그 개념을 심화하였습니다. 또 덧셈식, 뺄셈식 만들기, 세 수의 덧셈, 뺄셈 등을 익힐 수 있도록 구성하였습니다.

8단계 초등 1학년 수학 교과서를 바탕으로 구성했습니다. 학교 수학에 대한 두려움을 없애고, 수학에 자신감을 심어 줍니다.

선 긋기

매우잘함 | 잘함 | 보통

◎ ▶에서 ●까지 선을 그어 보세요.

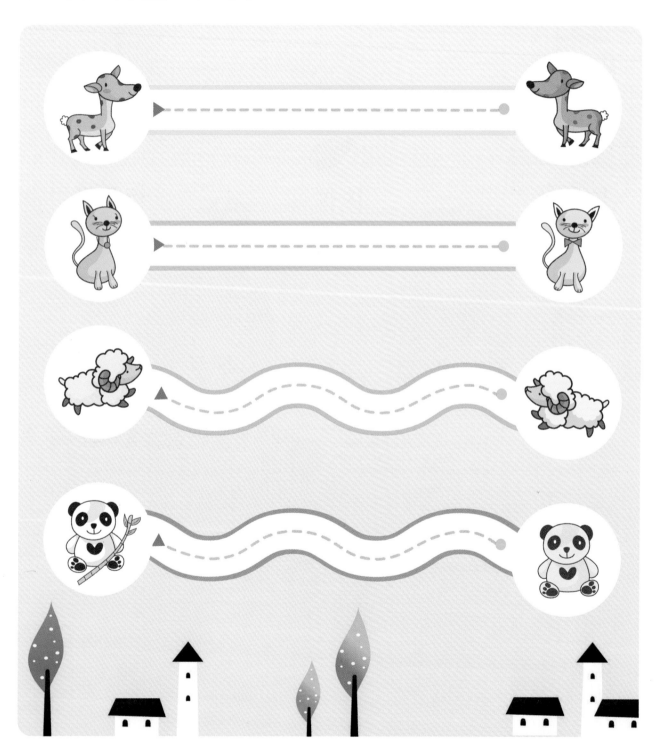

선 긋기

매우잘함 | 잘함 | 보통

◎ ▶에서 ● 까지 선을 그어 보세요.

선 긋기

◎ ➡ 에서 ⭐ 까지 손을 떼지 말고 한 번에 선을 그어 보세요.

선 긋기

◎ 왼쪽과 똑같은 모양을 오른쪽에 그려 보세요.

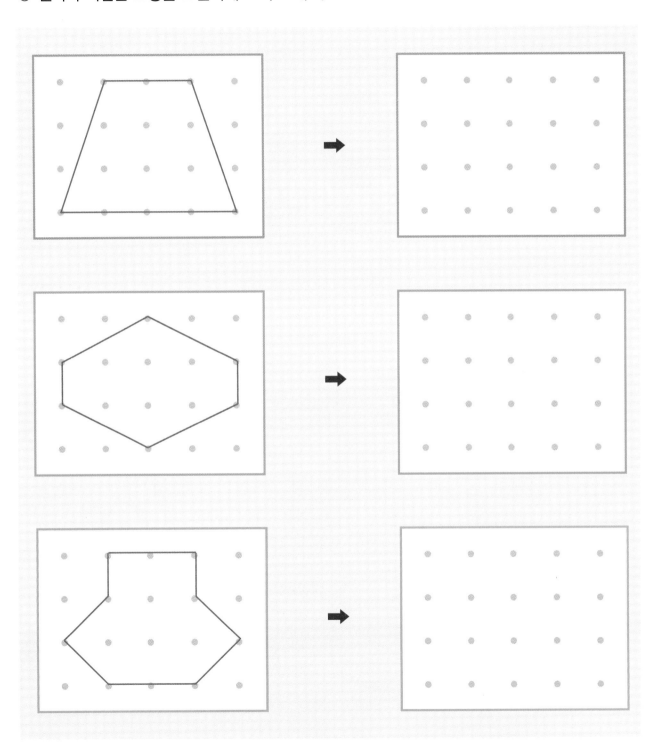

비교하기

◎ 가장 큰 동물에 ○해 보세요.

◎ 가장 작은 동물에 ○해 보세요.

비교하기

◎ 가장 높은 건물에 ○ 해 보세요.

◎ 주스가 가장 적게 담겨진 그릇에 ○ 해 보세요.

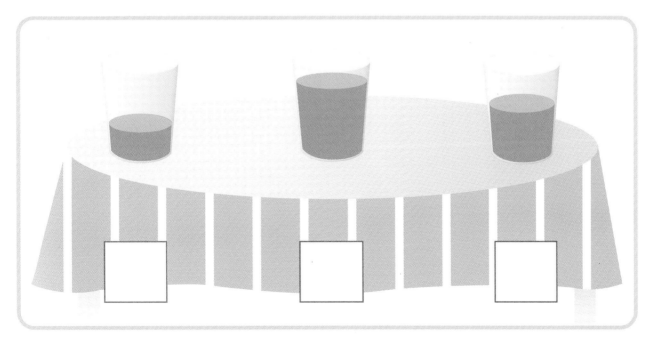

비교하기

◎ 가장 짧은 미역에 ⭐ 스티커를 붙여 보세요.

비교하기

◎ 시소를 타고 있는 동물의 무게를 비교하여 가장 무거운 동물에 ○해 보세요.

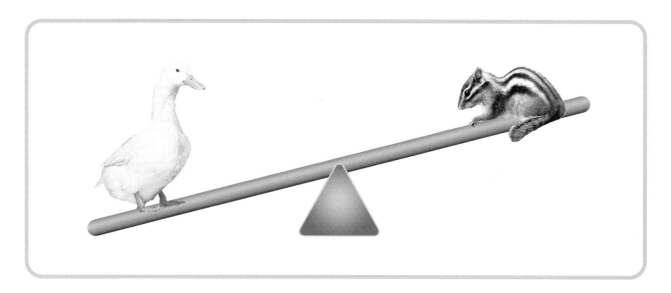

비교하기

◎ 시소를 타고 있는 동물의 무게를 비교하여 가장 무거운 동물에 ○해 보세요.

짝짓기

◎ 관계있는 것끼리 짝지어 보세요.

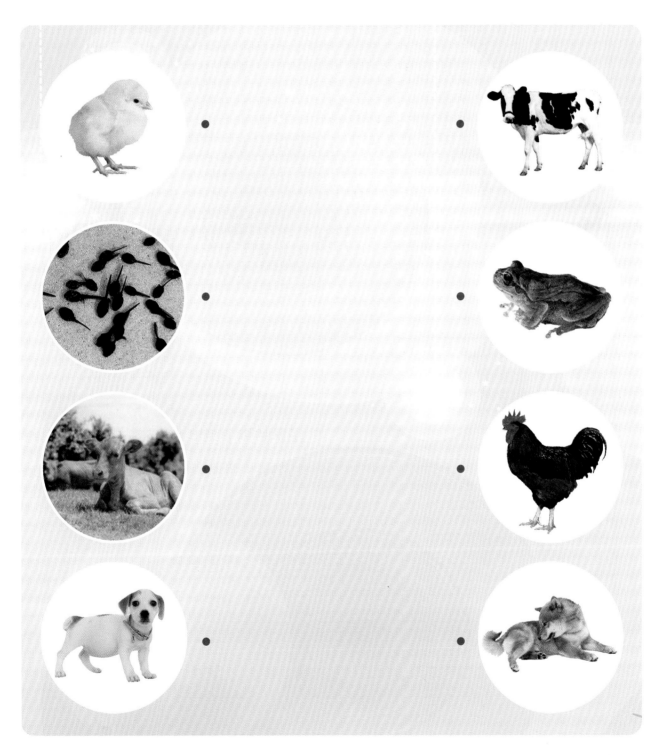

짝짓기

매우잘함 | 잘함 | 보통

◎ 그림의 개수에 맞는 숫자를 찾아 이어 보세요.

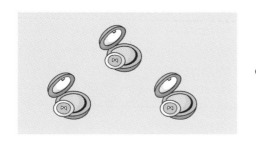 •   •

 •   •

 •   •

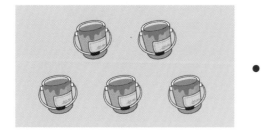 •   •

 •   •

짝짓기

◎ 그림의 개수가 같은 것끼리 이어 보세요.

 •   •

 •   •

 •   •

 •   •

개수 익히기

매우잘함 | 잘함 | 보통

◎ 그림의 개수를 세어 보고 그 수만큼 ◯에 색칠해 보세요.

개수 익히기

매우잘함 잘함 보통

◎ 빈 칸에 그림의 개수에 맞는 숫자 스티커를 붙여 보세요.

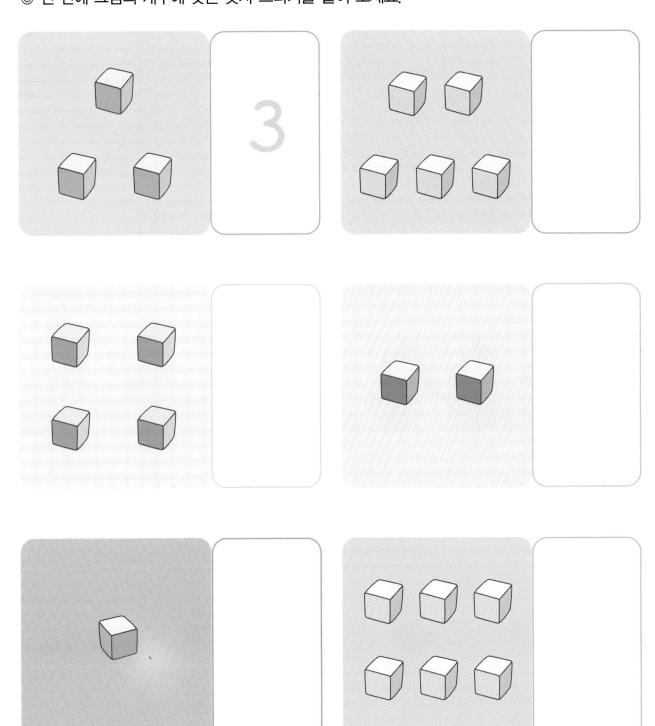

개수 익히기

◎ 그림의 개수보다 하나 더 많게 ○에 색칠해 보세요.

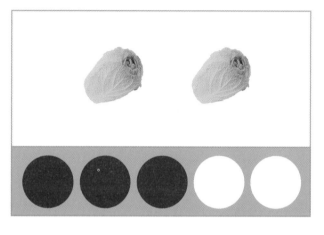

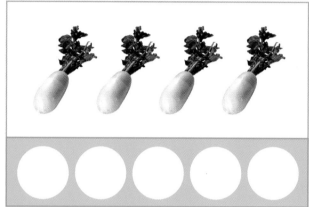

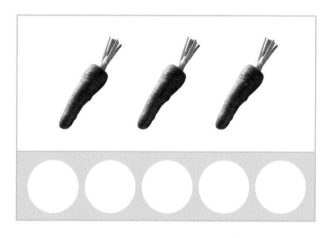

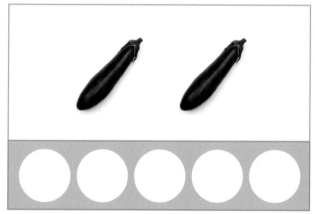

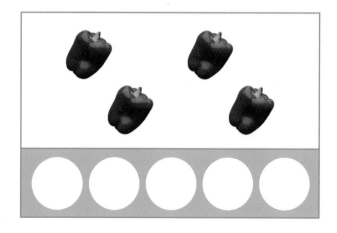

개수 익히기

매우잘함 | 잘함 | 보통

◎ 그림의 개수를 세어 보고 알맞은 수에 ○해 보세요.

1 2 3 4 5

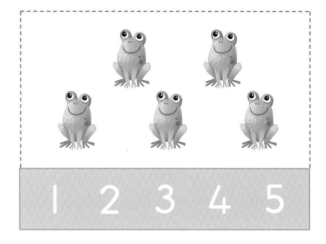

1 2 3 4 5

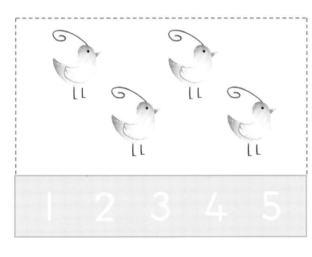

1 2 3 4 5

1 2 3 4 5

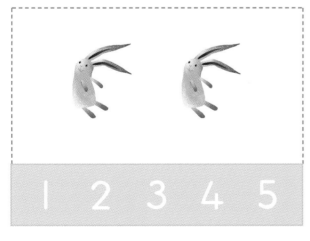

1 2 3 4 5

1 2 3 4 5

수 1~10 익히기

◎ 1~4까지 숫자를 바르게 써 보세요.

일 ●	이 ●●	삼 ●●●	사 ●●●●
1	2	3	4
1	2	3	4
1	2	3	4

◎ 그림의 개수가 같은 것끼리 줄로 이어 보세요.

수 1~10 익히기

매우잘함 | 잘함 | 보통

◎ 2~5까지 숫자를 바르게 써 보세요.

이 ●●	삼 ●●●	사 ●●●●	오 ●●●●●
2	3	4	5
2	3	4	5
2	3	4	5

◎ 왼쪽 그림의 개수만큼 빈 곳에 🍎 스티커를 붙여 보세요.

수 1~10 익히기

◎ 3~6까지 숫자를 바르게 써 보세요.

삼 ●●●	사 ●●●●	오 ●●●●●	육 ●●●●● ●
3	4	5	6
3	4	5	6
3	4	5	6

◎ 왼쪽 수와 같은 개수의 그림에 ○해 보세요.

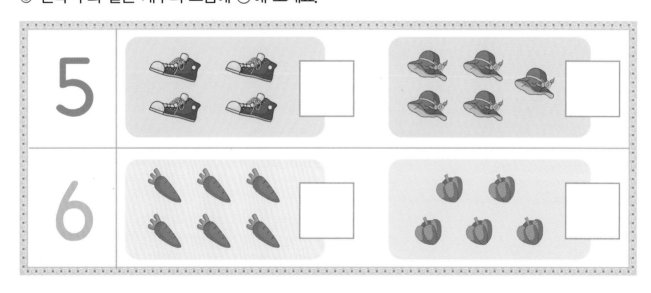

수 1~10 익히기

◎ 4~7까지 숫자를 바르게 써 보세요.

사 ●●●●	오 ●●●●●	육 ●●●●● ●	칠 ●●●●● ●●
4	5	6	7
4	5	6	7
4	5	6	7

◎ 그림의 개수를 세어 ☐ 안에 써 보세요.

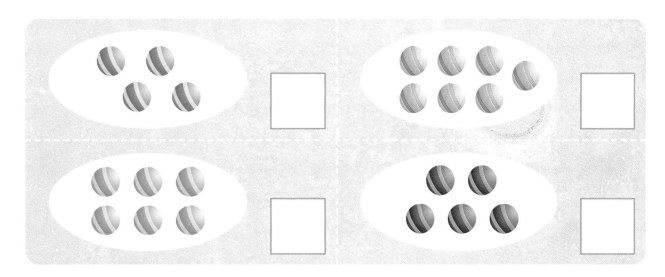

수 1~10 익히기

매우잘함 | 잘함 | 보통

◎ 5~8까지 숫자를 바르게 써 보세요.

오 ●●●●●	육 ●●●●● ●	칠 ●●●●● ●●	팔 ●●●●● ●●●
5	6	7	8
5	6	7	8
5	6	7	8

◎ 그림의 규칙을 잘 보고 ❓에 그림 스티커를 붙이세요.

수 1~10 익히기

◎ 6~9까지 숫자를 바르게 써 보세요.

육 ●●●●● ●	칠 ●●●●● ●●	팔 ●●●●● ●●●	구 ●●●● ●●●
6	7	8	9
6	7	8	9
6	7	8	9

◎ 숫자에 맞는 개수를 찾아 선으로 이어 보세요.

수 1~10 익히기

◎ 7~10까지 숫자를 바르게 써 보세요.

칠 ●●●●● ●●	팔 ●●●●● ●●●	구 ●●●●● ●●●	십 ●●●●● ●●●●
7	8	9	10
7	8	9	10
7	8	9	10

◎ 그림의 개수를 세어 보고 같은 수끼리 이어 보세요.

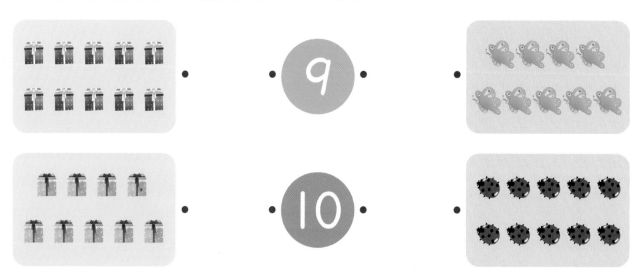

날짜 : 월 일

다른 것 찾기

매우잘함 | 잘함 | 보통

◎ 그림을 비교하여 다른 부분 각각 2곳을 찾아 ○해 보세요.

수 1~10 다지기

◎ 1~5까지 숫자를 읽고 바르게 써 보세요.

1	2	3	4	5
일 · 하나	이 · 둘	삼 · 셋	사 · 넷	오 · 다섯
1	2	3	4	5
1	2	3	4	5
1	2	3	4	5

◎ 개수를 세어 보고 같은 수끼리 줄로 이어 보세요.

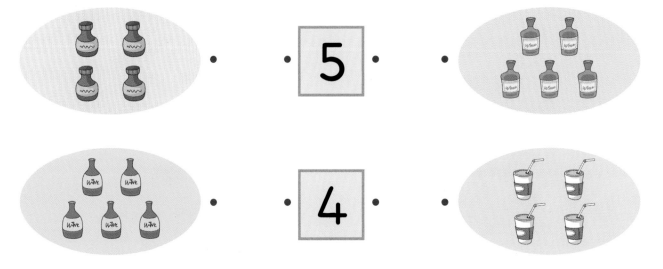

수 1~10 다지기

매우잘함 | 잘함 | 보통

◎ 6~10까지 숫자를 읽고 바르게 써 보세요.

6	7	8	9	10
육·여섯	칠·일곱	팔·여덟	구·아홉	십·열
6	7	8	9	10
6	7	8	9	10
6	7	8	9	10

◎ 개수를 세어 보고 ○ 안에 알맞은 수 스티커를 붙여 보세요.

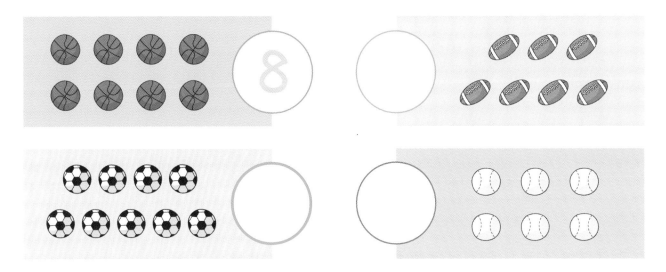

개수 익히기

◎ 오징어 다리 위에 수가 있어요. 차례에 맞게 ☐ 안에 알맞은 수 스티커를 붙여 보세요.

개수 익히기

◎ 그림의 개수가 다른 것을 찾아 ○ 해 보세요.

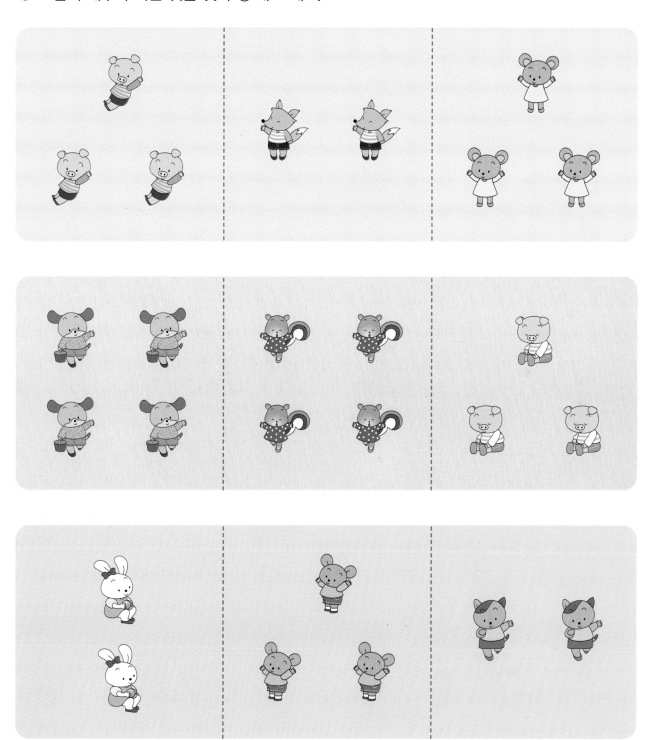

개수 익히기

◎ 널려 있는 물건의 개수를 세어 보고 알맞은 수에 ○해 보세요.

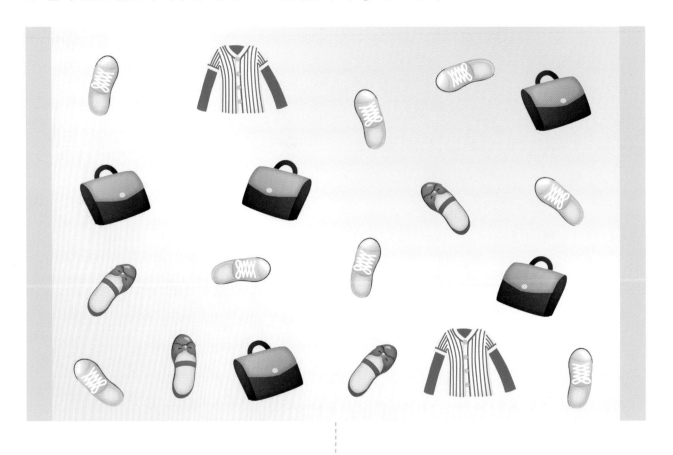

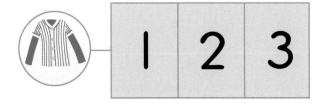

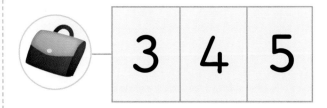

개수 익히기

◎ 그림을 보면서 이야기를 꾸며 보고, 바구니에 남은 사과 개수를 세어 □안에 수를 써 보세요.

개수 익히기

◎ 그림의 개수가 같은 것끼리 줄로 이어 보세요.

•

•

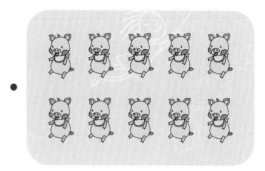

•

•

•

•

•

•

개수 익히기

◎ 물고기의 수를 세어 □ 안의 두 수 중 알맞은 수에 ○ 해 보세요.

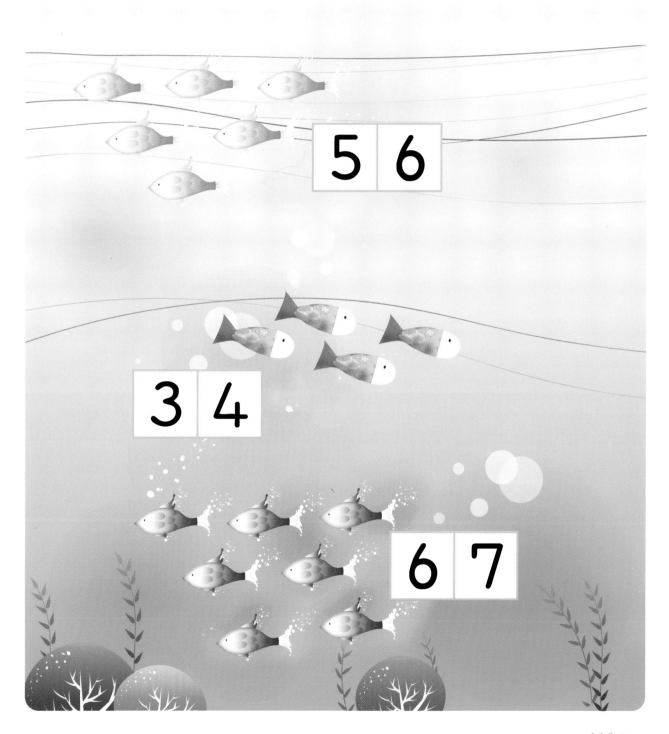

개수 익히기

◎ 나무에 달린 과일의 수만큼 빈 칸에 색칠하고, 그 수를 찾아 ○해 보세요.

1 2 3 4 5

1 2 3 4 5

1 2 3 4 5

1 2 3 4 5

1 2 3 4 5

1 2 3 4 5

개수 익히기

매우잘함 | 잘함 | 보통

◎ 그림의 개수를 세어 보고 ○안에 알맞은 수를 써 보세요.

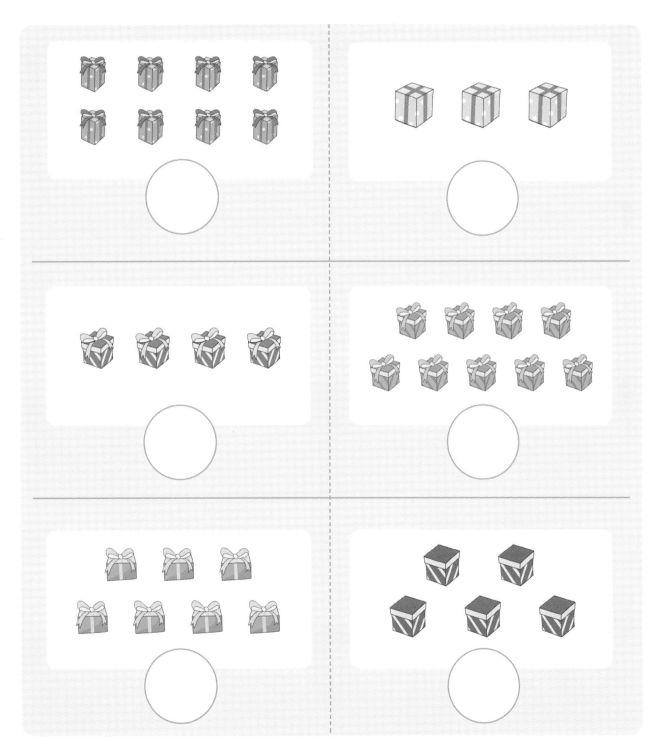

개수 익히기

매우잘함 | 잘함 | 보통

◎ 수의 차례에 맞게 빈 칸에 수 스티커를 붙이세요.

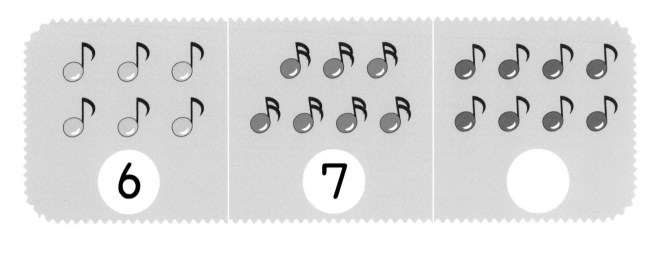

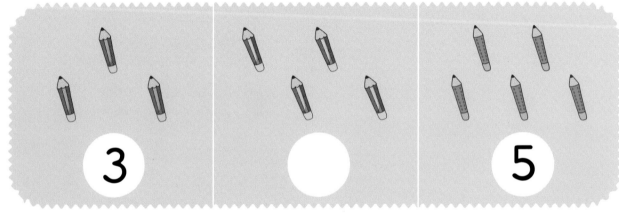

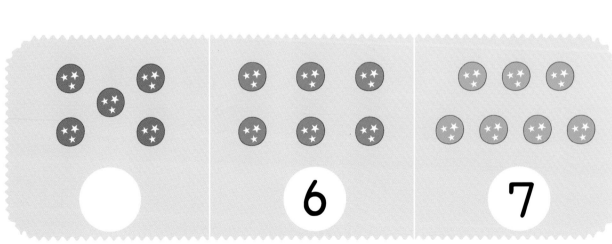

개수 익히기

매우잘함 | 잘함 | 보통

◎ 차례에 맞게 ☐ 안에 들어갈 모양 스티커를 붙여 보세요.

| 3 | 4 | 5 |

| 5 | 6 | 7 |

| 1 | 2 | 3 |

개수 익히기

◎ 그림의 개수에 맞는 수를 찾아 줄로 이어 보세요.

개수 익히기

◎ 그림의 개수에 맞는 수를 찾아 선으로 이어 보세요.

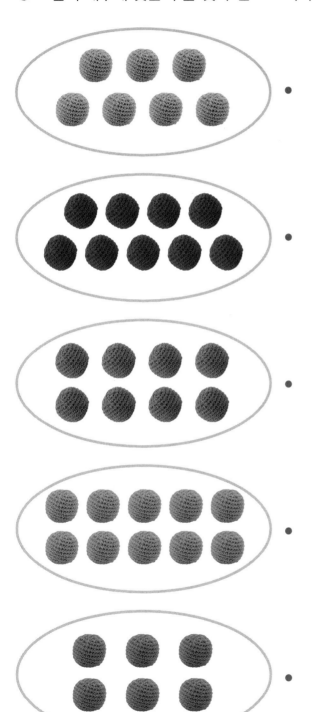

개수 익히기

◎ 그림의 개수를 세어 ○안에 수를 써 보세요.

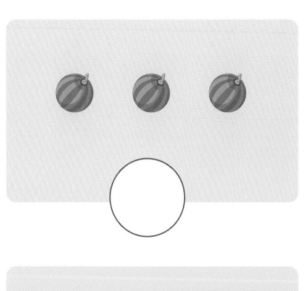

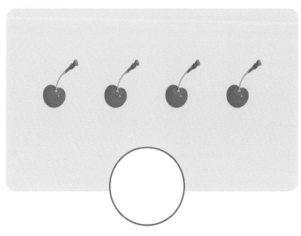

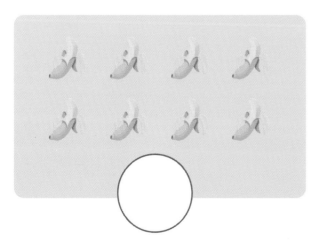

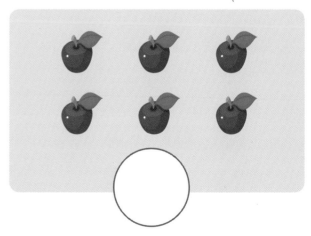

개수 익히기

◎ 왼쪽 그림의 개수만큼 ○ 에 색칠해 보세요.

 ➡

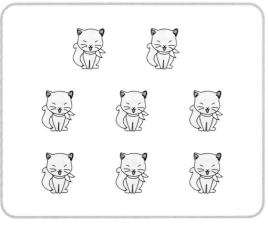 ➡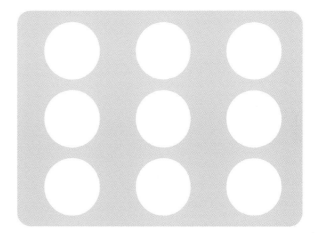

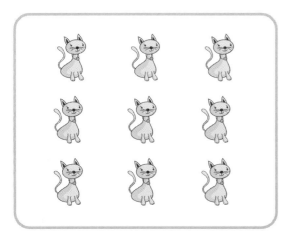 ➡

수 1~5 쓰기

매우잘함 | 잘함 | 보통

◎ 1~5까지 수를 읽으면서 바르게 써 보세요.

일 ●	이 ●●	삼 ●●●	사 ●●●●	오 ●●●●●
1	2	3	4	5
1	2	3	4	5
1	2	3	4	5
1	2	3	4	5

수 6~10 쓰기

◎ 6~10까지 수를 읽으면서 바르게 써 보세요.

육 	칠	팔	구	십 
6	7	8	9	10
6	7	8	9	10
6	7	8	9	10
6	7	8	9	10

수의 크기 비교하기

◎ 그림의 개수를 비교하여 더 큰 수에 ○ 해 보세요.

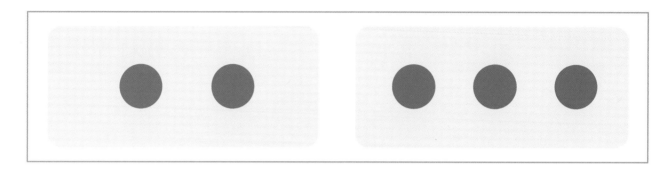

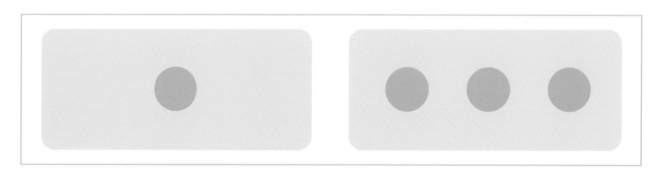

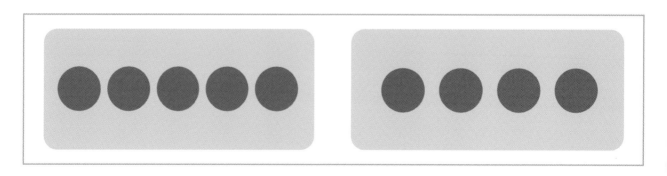

수의 크기 비교하기

◎ 그림의 개수를 세어 ○안에 쓰고, 더 작은 수의 ○안에 색칠해 보세요.

보기

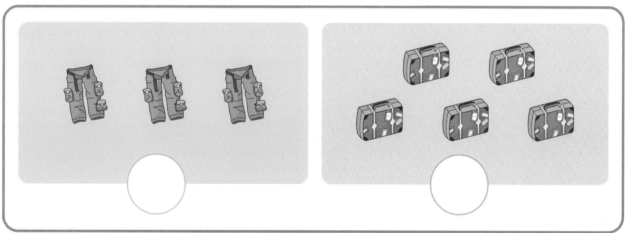

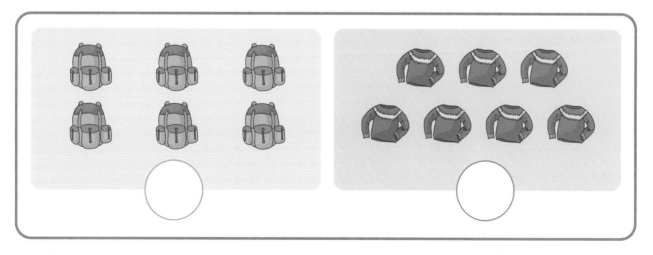

수의 크기 비교하기

매우잘함 | 잘함 | 보통

◎ 친구들이 꽃밭에 가려고 해요. 두 수를 비교하여 큰 수가 있는 길을 따라가 보세요.

수의 크기 비교하기

매우잘함 | 잘함 | 보통

◎ 그림의 개수를 세어 ☐ 안에 쓰고 수의 크기를 비교해 보세요.

3은 8보다 작습니다.

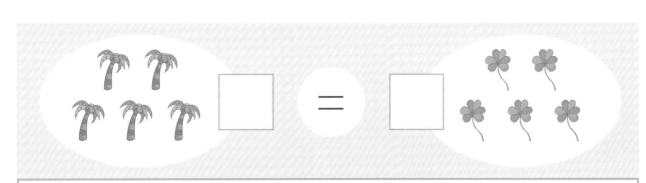

5와 5는 같습니다.

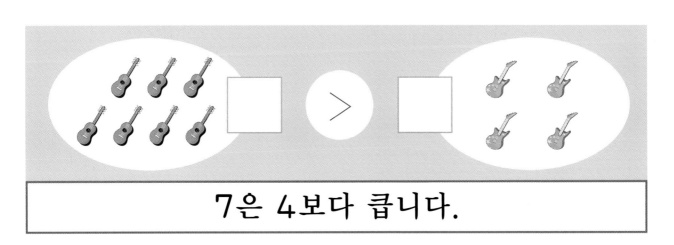

7은 4보다 큽니다.

수의 크기 비교하기

◎ 그림의 개수를 세어 ☐ 안에 쓰고, 알맞은 말에 ◯해 보세요.

☐ 은 ☐ 보다 (큽니다. 작습니다.)

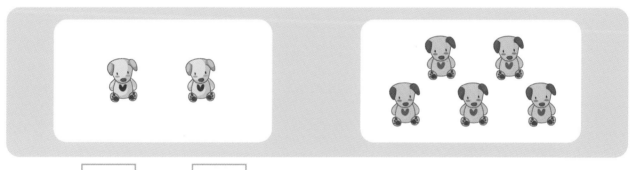

☐ 는 ☐ 보다 (큽니다. 작습니다.)

☐ 은 ☐ 보다 (큽니다. 작습니다.)

수의 크기 비교하기

◎ 그림의 개수를 비교하여 ☐ 안에 쓰고 알맞은 말에 ◯해 보세요.

5 는 **3** 보다 (큽니다. 작습니다.)

☐ 는 ☐ 보다 (큽니다. 작습니다.)

☐ 는 ☐ 보다 (큽니다. 작습니다.)

수의 크기 비교하기

매우잘함 | 잘함 | 보통

◎ 그림의 개수를 세어 ☐ 안에 쓰고 수의 크기를 비교해 보세요.

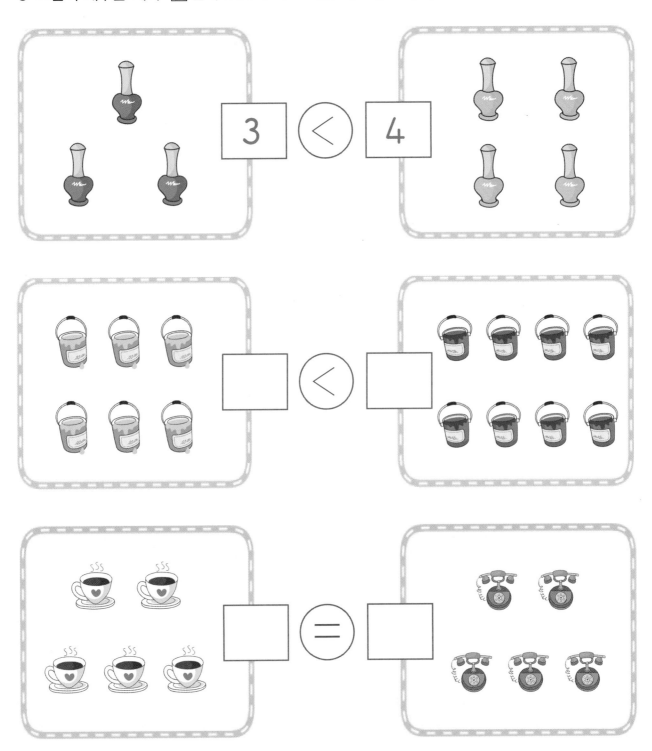

수의 크기 비교하기

◎ 그림의 개수를 세어 ○안에 쓰고 수의 크기를 비교해 보세요.

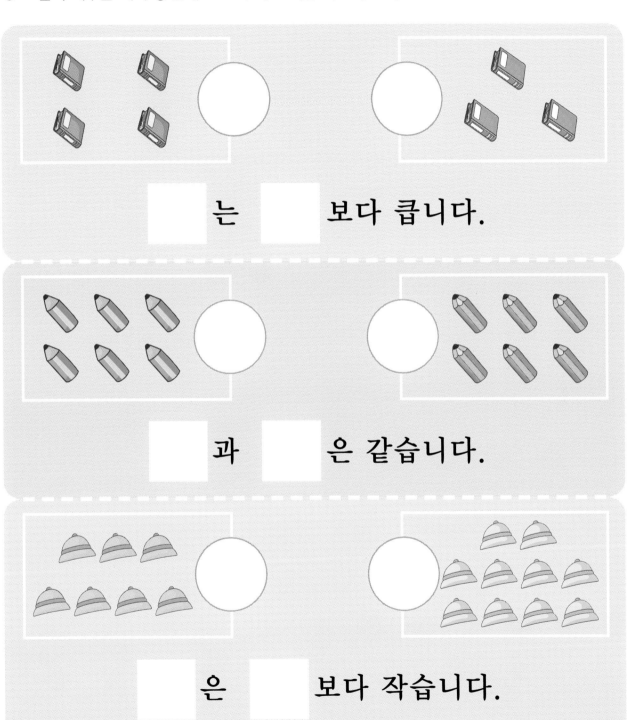

☐ 는 ☐ 보다 큽니다.

☐ 과 ☐ 은 같습니다.

☐ 은 ☐ 보다 작습니다.

가르기와 모으기

매우잘함 | 잘함 | 보통

◎ 그림을 보고 가른 수를 ☐ 안에 써 보세요.

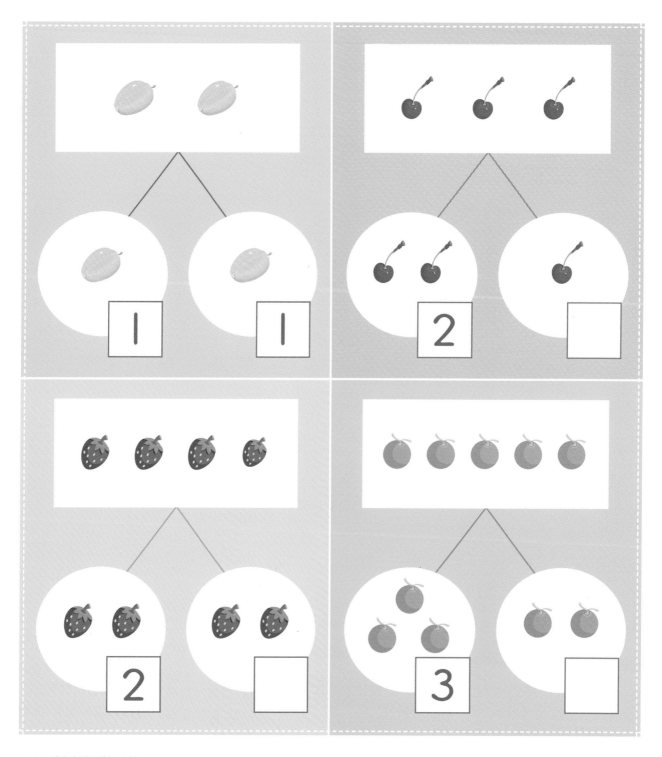

가르기와 모으기

◎ 두 수로 가른 수를 □ 안에 써 보세요.

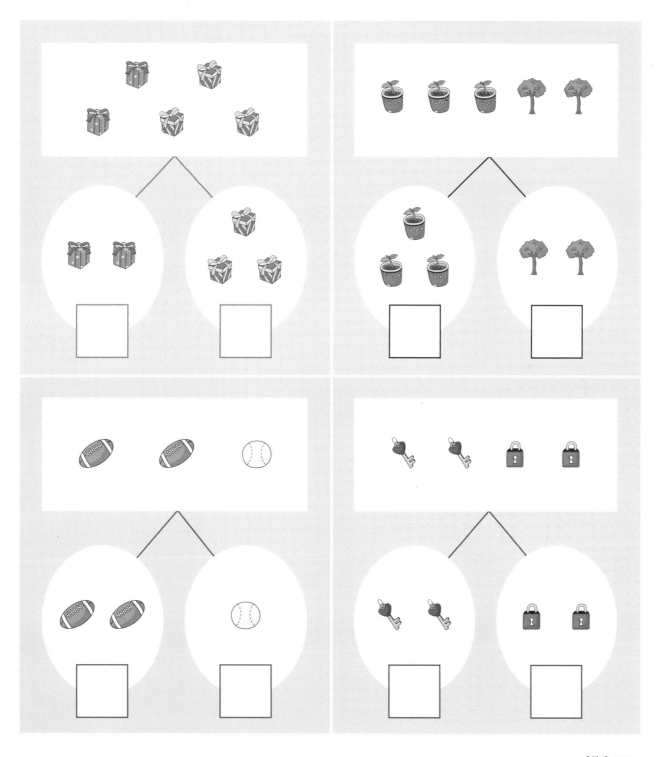

가르기와 모으기

매우잘함 | 잘함 | 보통

◎ 전체의 개수를 세어 보고 갈라진 두 수에 ◯해 보세요.

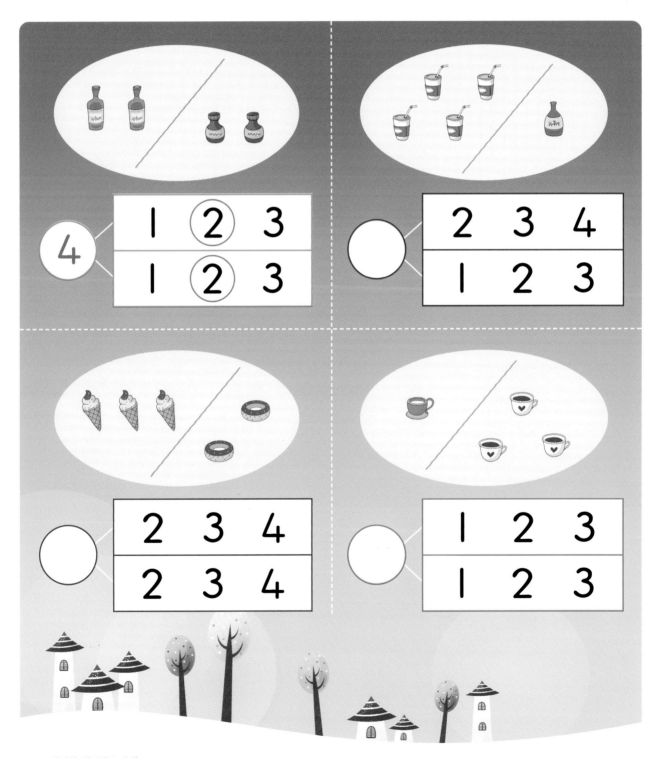

가르기와 모으기

◎ 그림을 보고 가른 수를 ☐ 안에 써 보세요.

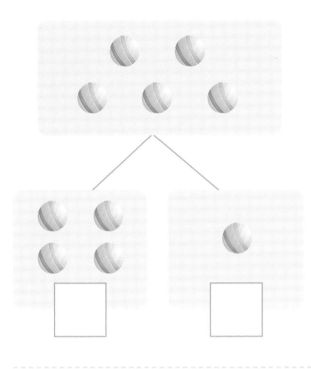

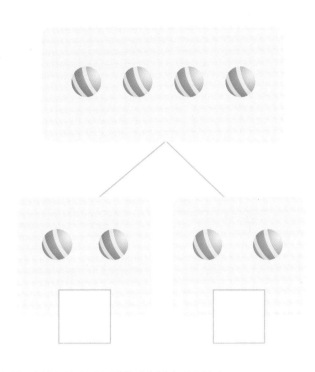

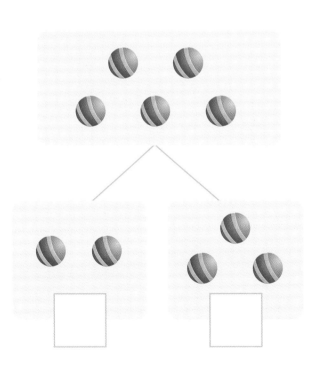

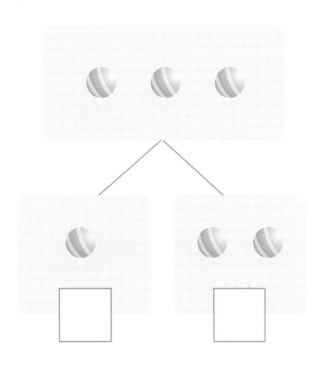

가르기와 모으기

매우잘함　잘함　보통

◎ 친구들이 즐겁게 춤을 추고 있어요. 모은 수만큼 ○에 색칠해 보세요.

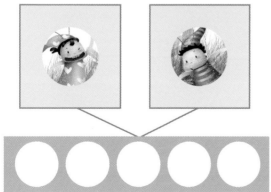

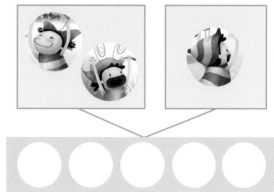

날짜 :   월   일

가르기와 모으기

매우잘함 | 잘함 | 보통

◎ 각각의 개수를 세어 ○ 하고 ○ 안에 모은 숫자 스티커를 붙여 보세요.

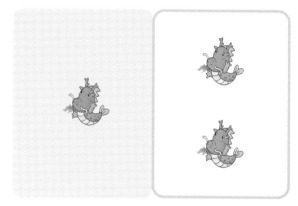

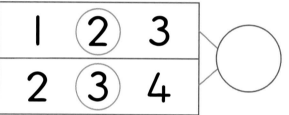

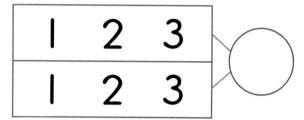

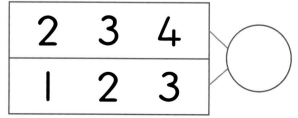

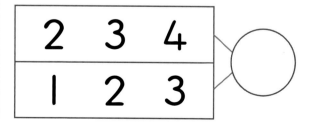

가르기와 모으기

매우잘함 | 잘함 | 보통

◎ 그림의 개수를 세어 보고 모은 수만큼 ○에 색칠해 보세요.

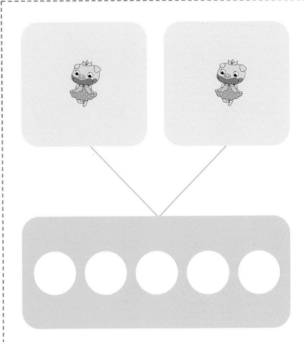

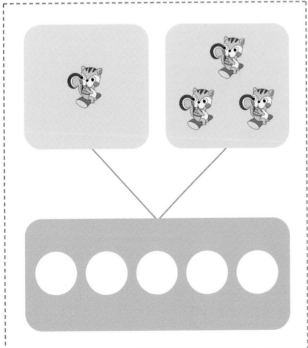

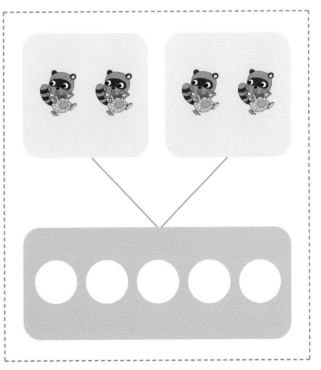

가르기와 모으기

매우잘함 | 잘함 | 보통

◎ 각각의 개수를 모아 ☐ 안에 알맞은 수를 써 보세요.

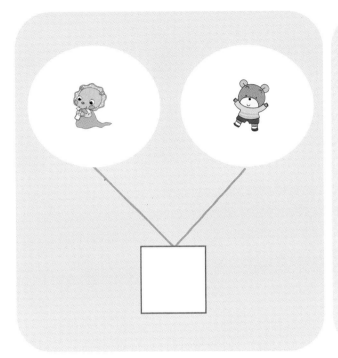

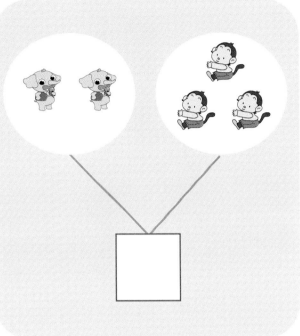

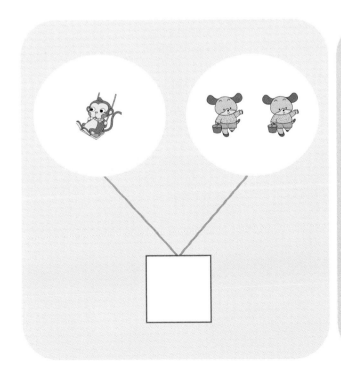

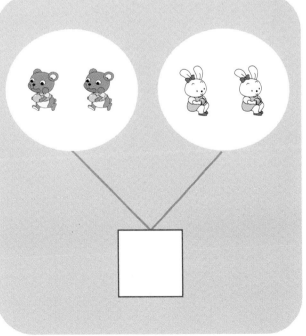

5 이하 수의 덧셈

매우잘함 | 잘함 | 보통

◎ □안에 알맞은 수를 쓰고 '**+**'를 따라 써 보세요.

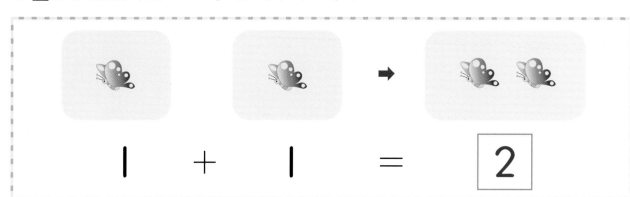

$$1 \quad + \quad 1 \quad = \quad \boxed{2}$$

$$2 \quad + \quad 1 \quad = \quad \boxed{}$$

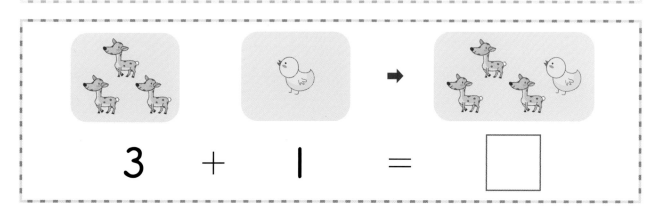

$$3 \quad + \quad 1 \quad = \quad \boxed{}$$

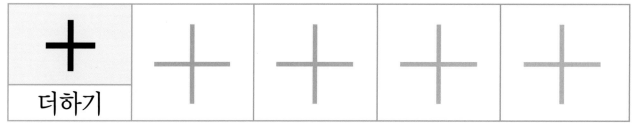

+				
더하기				

5 이하 수의 덧셈

◎ 그림을 보고 □안에 알맞은 수를 써 보세요.

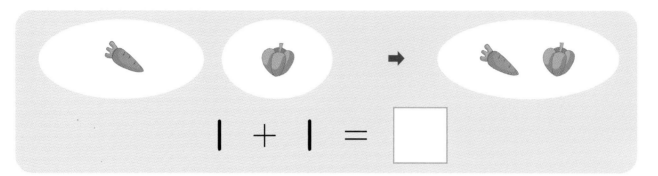

$$1 + 1 = \boxed{}$$

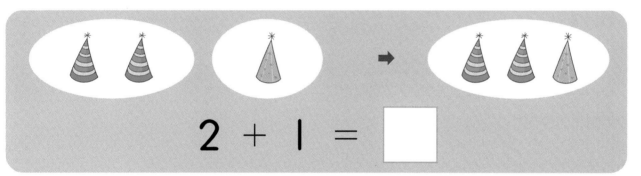

$$2 + 1 = \boxed{}$$

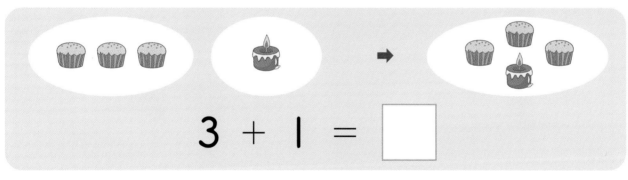

$$3 + 1 = \boxed{}$$

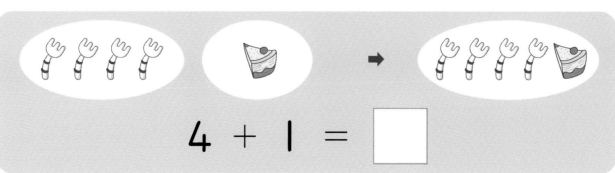

$$4 + 1 = \boxed{}$$

5 이하 수의 덧셈

◎ 덧셈을 하여 ☐ 안에 알맞은 수를 써 보세요.

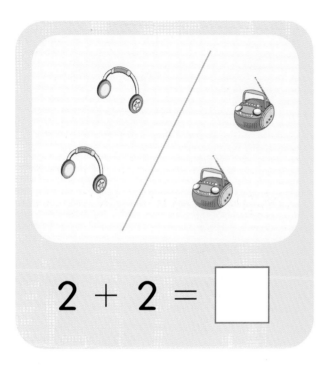

2 + 2 = ☐

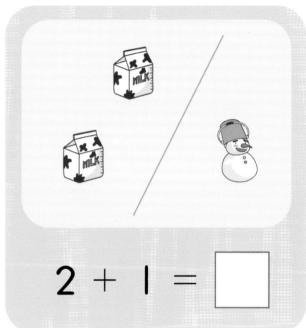

2 + 1 = ☐

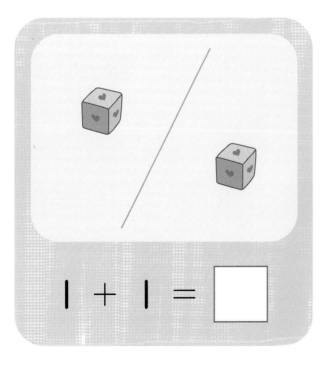

1 + 1 = ☐

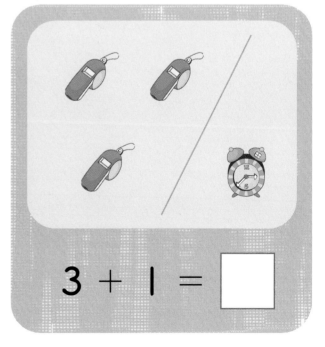

3 + 1 = ☐

5 이하 수의 덧셈

◎ 덧셈을 하여 ☐ 안에 알맞은 수를 써 보세요.

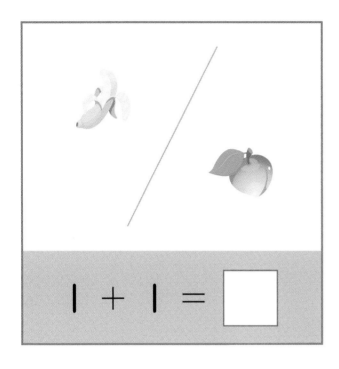

$1 + 1 =$ ☐

$3 + 2 =$ ☐

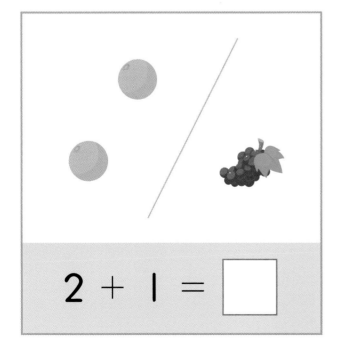

$2 + 1 =$ ☐

$3 + 1 =$ ☐

5 이하 수의 덧셈

매우잘함	잘함	보통

◎ 그림을 보고 ☐ 안에 알맞은 수를 써 보세요.

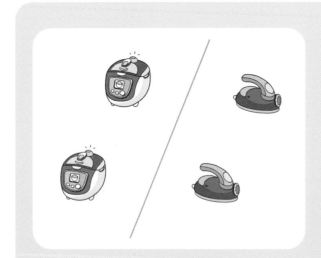

$2 + 2 =$ ☐

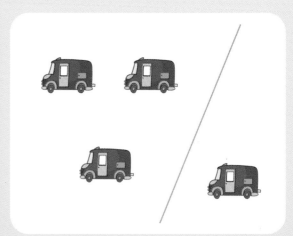

$3 + 1 =$ ☐

$1 + 1 =$ ☐

$4 + 1 =$ ☐

5 이하 수의 덧셈

◎ 그림을 보고 ☐ 안에 알맞은 수를 써 보세요.

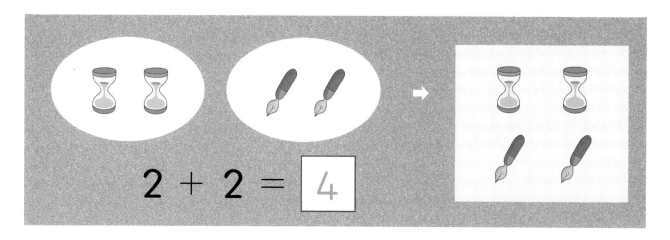

$$2 + 2 = \boxed{4}$$

$$4 + 1 = \boxed{}$$

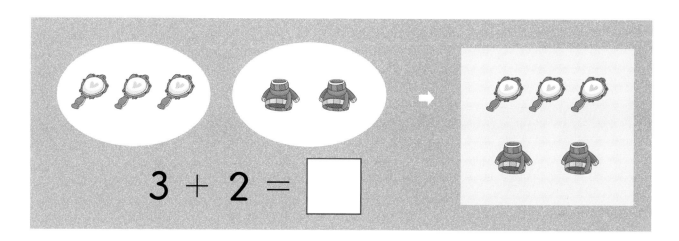

$$3 + 2 = \boxed{}$$

5 이하 수의 덧셈

매우잘함 | 잘함 | 보통

◎ 덧셈을 하여 □ 안에 알맞은 수를 써 보세요.

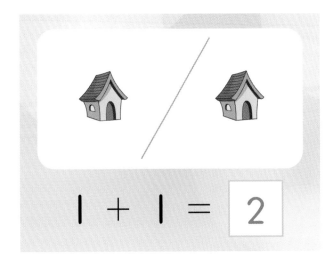

$1 + 1 = \boxed{2}$

$2 + 2 = \boxed{}$

$2 + 1 = \boxed{}$

$3 + 2 = \boxed{}$

$2 + 2 = \boxed{}$

$2 + 3 = \boxed{}$

$4 + 0 = \boxed{}$

$3 + 1 = \boxed{}$

$$\begin{array}{r} 4 \\ + 1 \\ \hline \boxed{} \end{array}$$

$$\begin{array}{r} 3 \\ + 1 \\ \hline \boxed{} \end{array}$$

$$\begin{array}{r} 1 \\ + 2 \\ \hline \boxed{} \end{array}$$

$$\begin{array}{r} 5 \\ + 0 \\ \hline \boxed{} \end{array}$$

5 이하 수의 덧셈

매우잘함 | 잘함 | 보통

◎ 덧셈을 하여 □ 안에 알맞은 수를 써 보세요.

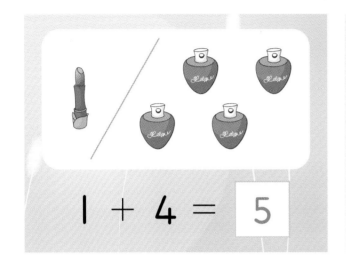

1 + 4 = 5

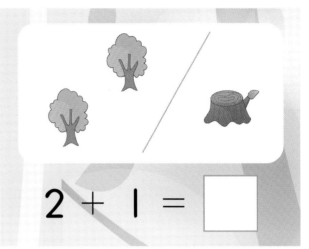

2 + 1 = ☐

1 + 2 = ☐   2 + 3 = ☐

5 + 0 = ☐   4 + 0 = ☐

1 + 1 = ☐   3 + 1 = ☐

$$
\begin{array}{r} 2 \\ + 2 \\ \hline \end{array}
\qquad
\begin{array}{r} 4 \\ + 1 \\ \hline \end{array}
\qquad
\begin{array}{r} 3 \\ + 2 \\ \hline \end{array}
\qquad
\begin{array}{r} 1 \\ + 3 \\ \hline \end{array}
$$

☐　　　☐　　　☐　　　☐

5 이하 수의 뺄셈

◎ 그림의 개수보다 1 작은 수에 ○ 해 보세요.

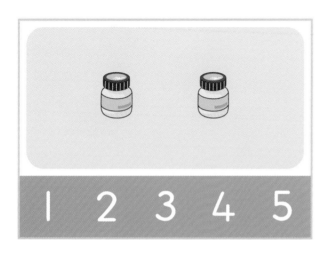

1 2 3 4 5

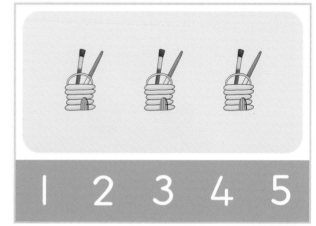

1 2 3 4 5

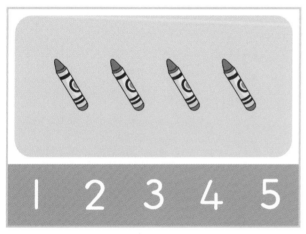

1 2 3 4 5

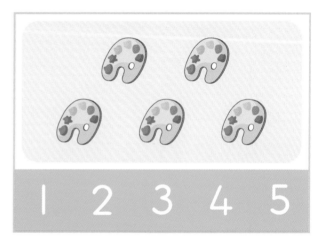

1 2 3 4 5

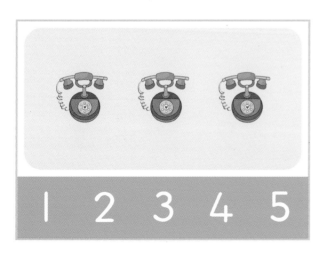

1 2 3 4 5

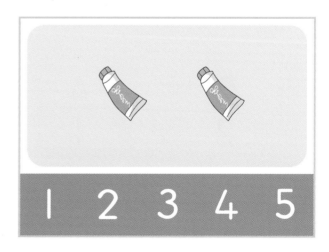

1 2 3 4 5

5 이하 수의 뺄셈

매우잘함 | 잘함 | 보통

◎ 그림의 개수보다 1 작은 수에 ○ 해 보세요.

1 2 3 4 5	1 2 3 4 5

1 2 3 4 5	1 2 3 4 5

1 2 3 4 5	1 2 3 4 5

5 이하 수의 뺄셈

매우잘함 | 잘함 | 보통

◎ □ 안에 알맞은 수를 쓰고 '━'를 따라 써 보세요.

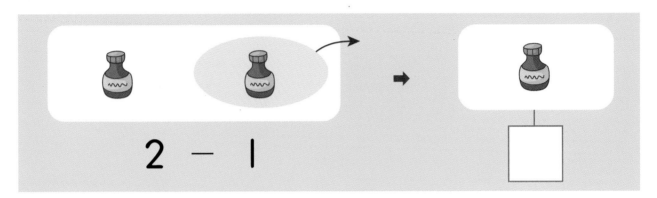

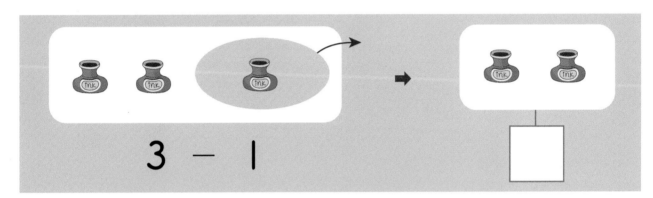

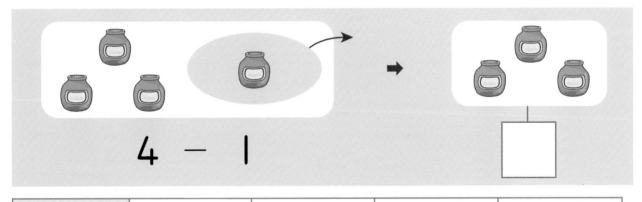

━				
빼기				

5 이하 수의 뺄셈

◎ 그림을 보고 ☐ 안에 알맞은 수를 써 보세요.

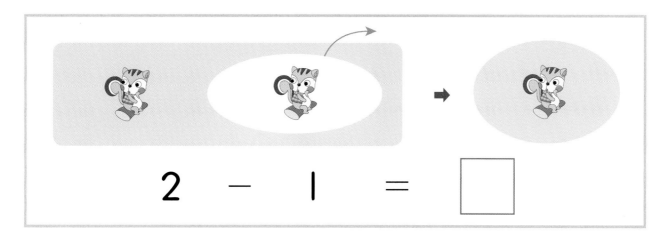

$$2 - 1 = \boxed{}$$

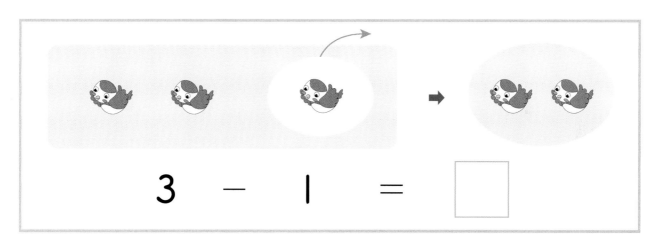

$$3 - 1 = \boxed{}$$

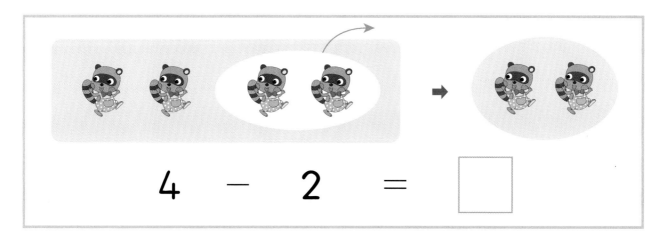

$$4 - 2 = \boxed{}$$

5 이하 수의 뺄셈

◎ 그림을 보고 □ 안에 알맞은 수를 써 보세요.

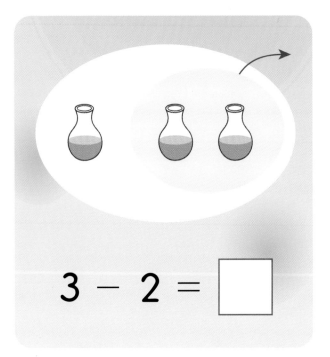

$$3 - 2 = \boxed{}$$

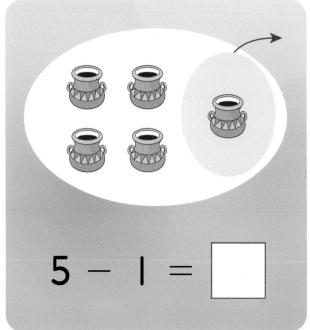

$$5 - 1 = \boxed{}$$

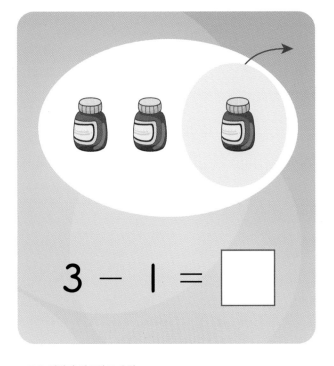

$$3 - 1 = \boxed{}$$

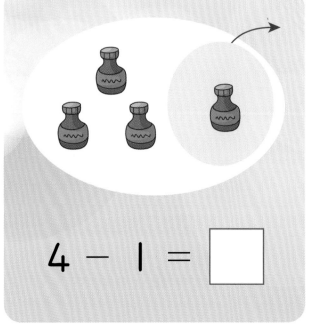

$$4 - 1 = \boxed{}$$

5 이하 수의 뺄셈

◎ 그림을 보고 ☐ 안에 알맞은 수를 써 보세요.

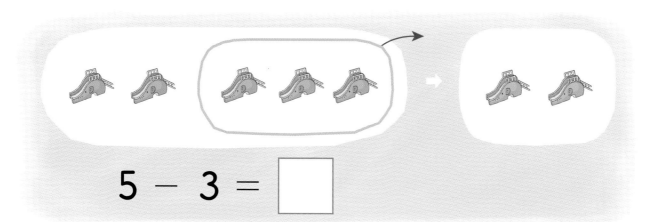

$$5 - 3 = \boxed{}$$

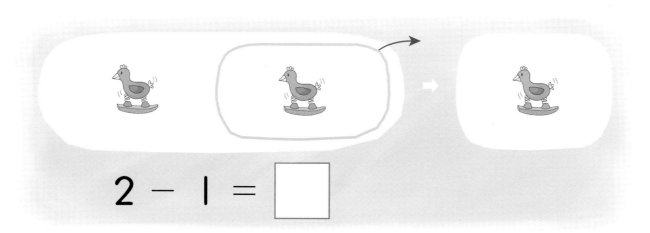

$$2 - 1 = \boxed{}$$

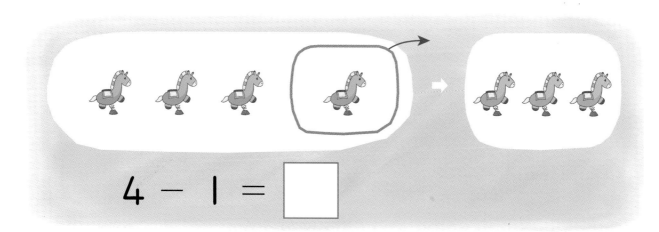

$$4 - 1 = \boxed{}$$

5 이하 수의 뺄셈

◎ 그림을 보고 ☐ 안에 알맞은 수를 써 보세요.

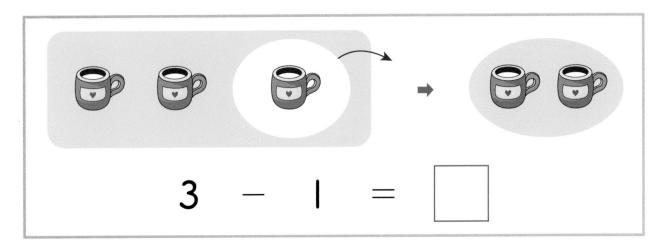

$$3 - 1 = \boxed{}$$

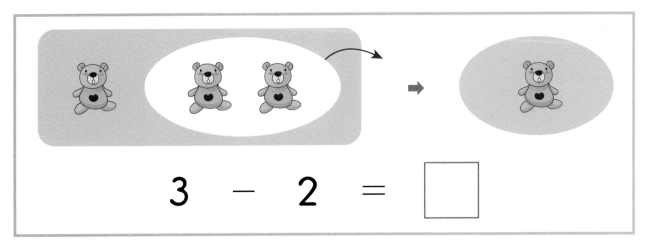

$$3 - 2 = \boxed{}$$

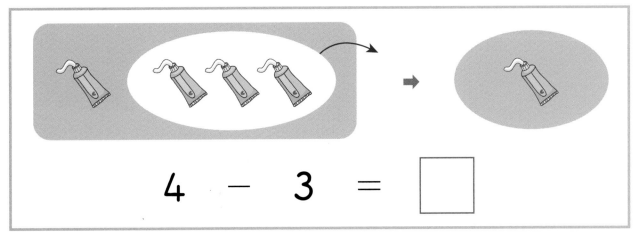

$$4 - 3 = \boxed{}$$

5 이하 수의 뺄셈

매우잘함 | 잘함 | 보통

◎ 그림을 보고 □ 안에 알맞은 수를 써 보세요.

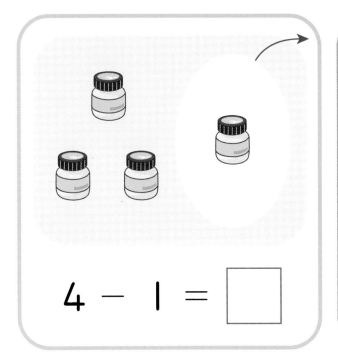

$4 - 1 = \boxed{}$

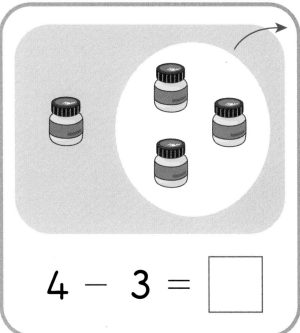

$4 - 3 = \boxed{}$

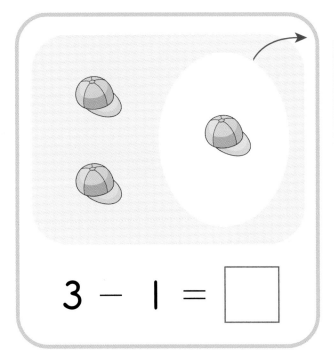

$3 - 1 = \boxed{}$

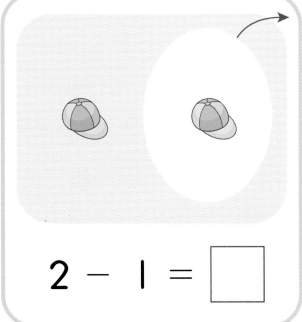

$2 - 1 = \boxed{}$

5 이하 수의 뺄셈

매우잘함 | 잘함 | 보통

◎ 뺄셈을 하여 □ 안에 알맞은 수를 써 보세요.

2 − 1 =

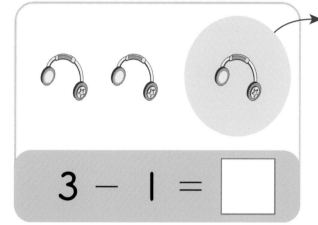

3 − 1 =

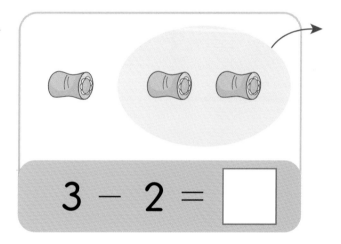

3 − 2 =

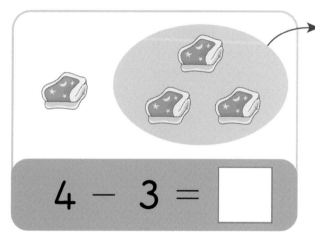

4 − 3 =

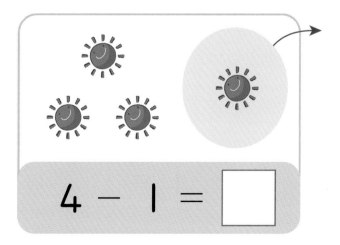

4 − 1 =

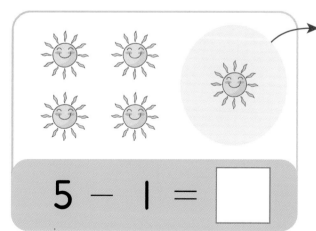

5 − 1 =

5 이하 수의 뺄셈

매우잘함 | 잘함 | 보통

◎ 뺄셈을 하여 □ 안에 알맞은 수를 써 보세요.

$$3 - 2 = \boxed{}$$

$$4 - 2 = \boxed{}$$

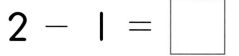

$$2 - 1 = \boxed{}$$

$$5 - 3 = \boxed{}$$

$$3 - 1 = \boxed{}$$

$$4 - 3 = \boxed{}$$

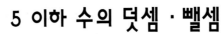

5 이하 수의 덧셈 · 뺄셈

매우잘함 | 잘함 | 보통

◎ 뺄셈을 하여 나온 답을 찾아 줄로 이어 보세요.

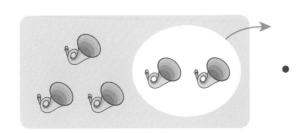

⑤

②

③

①

④

5 이하 수의 덧셈 · 뺄셈

매우잘함 · 잘함 · 보통

◎ 덧셈과 뺄셈을 하여 □안에 알맞은 수를 써 보세요.

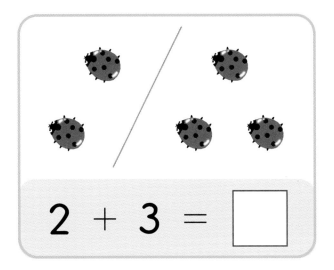

$$2 + 3 = \boxed{}$$

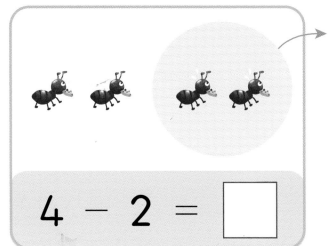

$$4 - 2 = \boxed{}$$

$$3 + 1 = \boxed{} \qquad 3 - 1 = \boxed{}$$

$$2 + 1 = \boxed{} \qquad 2 - 1 = \boxed{}$$

$$2 + 2 = \boxed{} \qquad 4 - 3 = \boxed{}$$

$$4 + 1 = \boxed{} \qquad 5 - 4 = \boxed{}$$

$$3 + 2 = \boxed{} \qquad 3 - 2 = \boxed{}$$

$$1 + 1 = \boxed{} \qquad 4 - 1 = \boxed{}$$

수 11 익히기

◎ 그림을 10개씩 묶고 모두 몇 개인지 세어 수를 써 보세요.

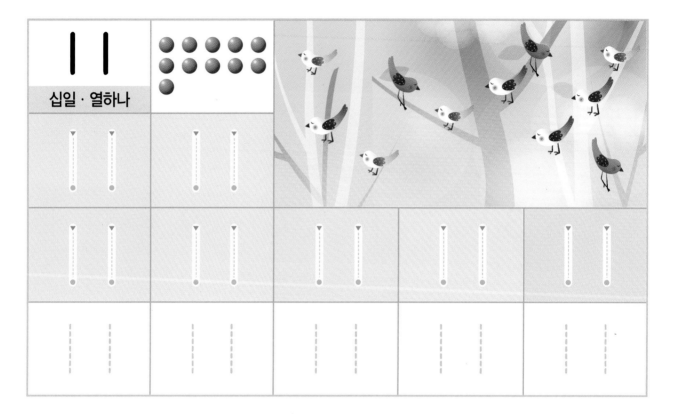

십일 · 열하나

◎ 그림의 개수를 세어 보고 알맞은 수를 써 보세요.

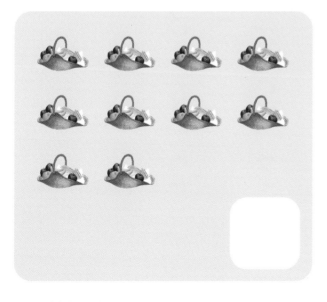

수 12 익히기

매우잘함 | 잘함 | 보통

◎ 그림을 10개씩 묶고 모두 몇 개인지 세어 수를 써 보세요.

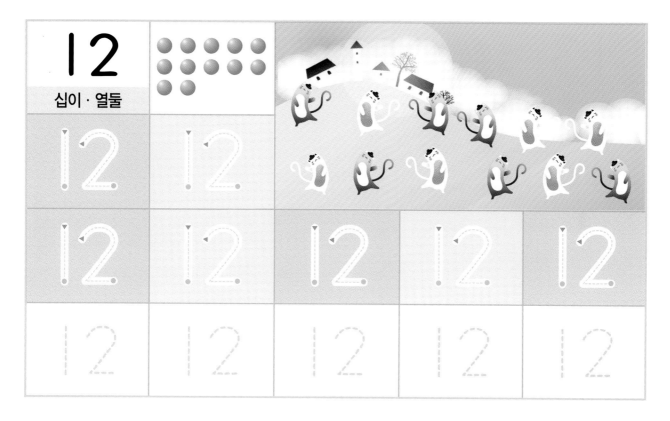

◎ 그림의 개수에 맞는 수에 ○해 보세요.

| | 11 | 12 | 13 | 14 | 15 |

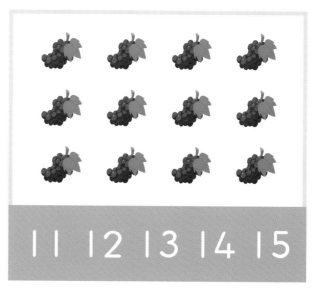

| | 11 | 12 | 13 | 14 | 15 |

수 13 익히기

매우잘함 | 잘함 | 보통

◎ 그림을 10개씩 묶고 모두 몇 개인지 세어 수를 써 보세요.

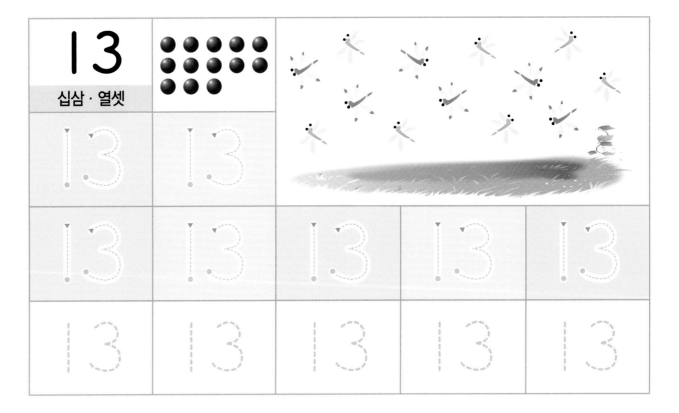

13	
십삼 · 열셋	

◎ 그림의 개수에 맞는 수에 ◯해 보세요.

11 12 13 14 15　　11 12 13 14 15　　11 12 13 14 15

수 14 익히기

매우잘함 | 잘함 | 보통

◎ 그림을 10개씩 묶고 모두 몇 개인지 세어 수를 써 보세요.

◎ 그림의 개수를 쓰고 개수가 많은 것에 ○해 보세요.

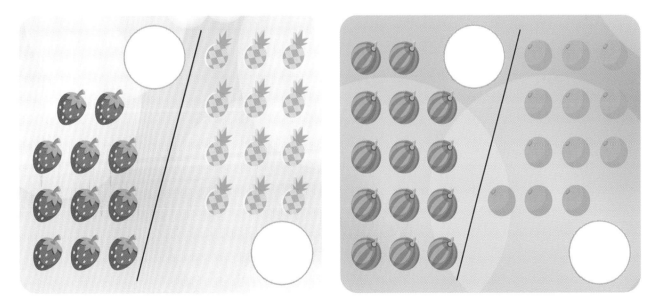

수 15 익히기

◎ 그림을 10개씩 묶고 모두 몇 개인지 세어 수를 써 보세요.

15
십오 · 열다섯

◎ 아래 쓰여진 개수만큼 풍선을 색칠해 보세요.

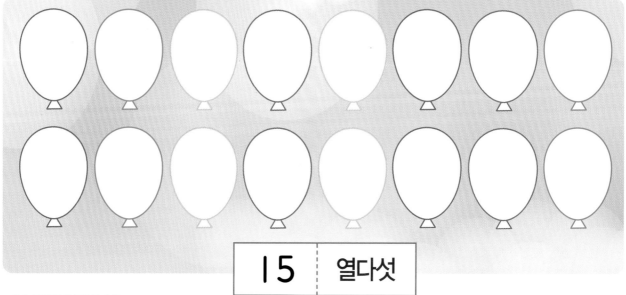

15	열다섯

수 16 익히기

◎ 그림을 10개씩 묶고 모두 몇 개인지 세어 수를 써 보세요.

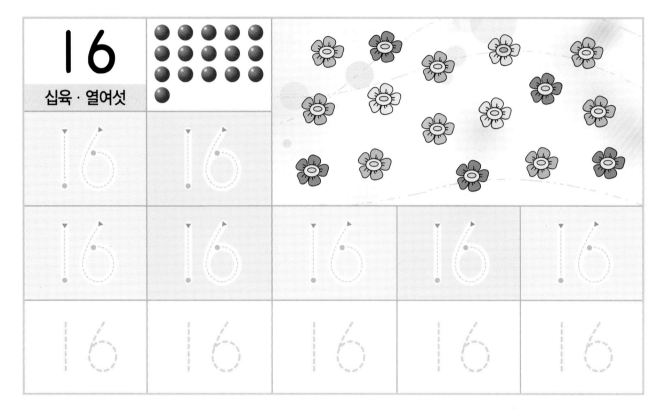

16

십육 · 열여섯

◎ 두 수를 비교하여 >, =, < 를 표시해 보세요.

12 ( ) 9	15 ( ) 12
3 ( ) 11	8 ( ) 13
13 ( ) 14	16 ( ) 7

수 17 익히기

매우잘함 | 잘함 | 보통

◎ 그림을 10개씩 묶고 모두 몇 개인지 세어 수를 써 보세요.

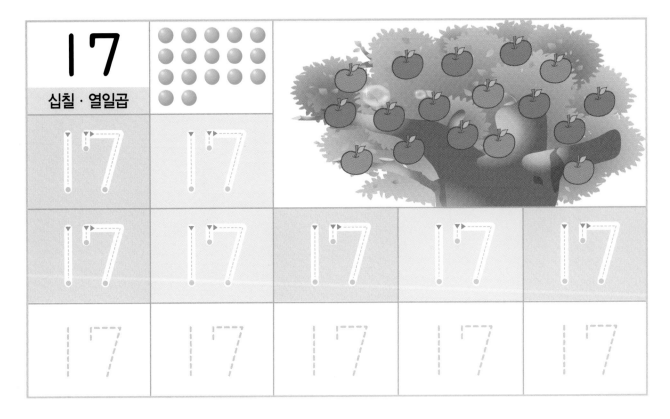

17		
십칠 · 열일곱		

◎ 그림의 수보다 1 큰 수에 ○해 보세요.

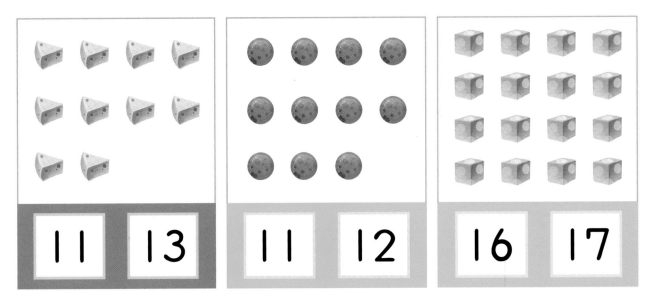

11	13		11	12		16	17

수 18 익히기

매우잘함 | 잘함 | 보통

◎ 그림을 10개씩 묶고 모두 몇 개인지 세어 수를 써 보세요.

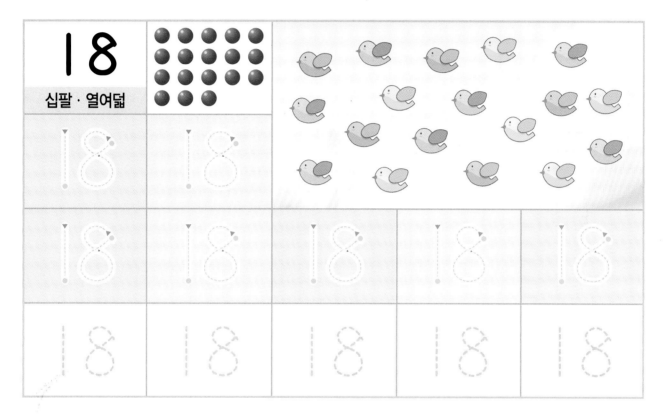

18
십팔 · 열여덟

◎ 그림의 수보다 1 작은 수에 ○해 보세요.

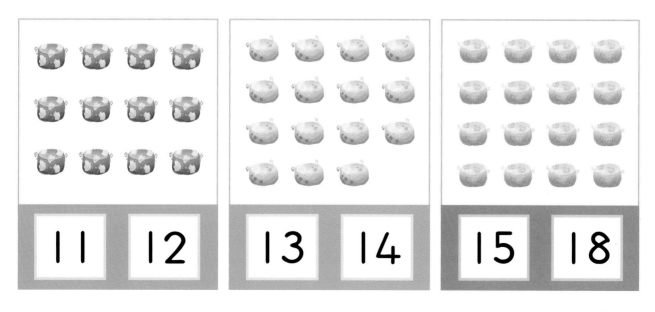

| 1 1 | 1 2 | 1 3 | 1 4 | 1 5 | 1 8 |

수 19 익히기

◎ 그림을 10개씩 묶고 모두 몇 개인지 세어 수를 써 보세요.

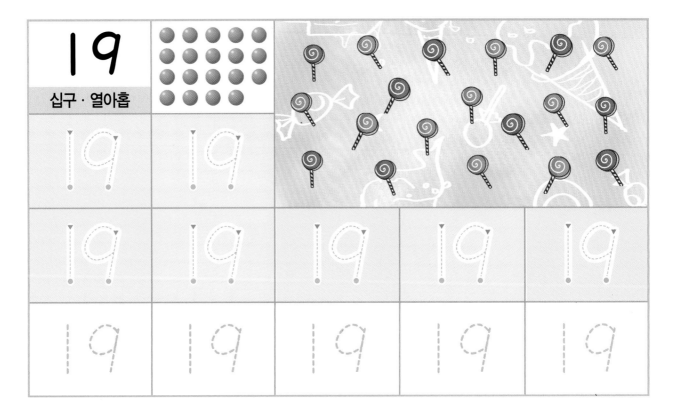

1 9		
십구 · 열아홉		

◎ 그림의 개수와 맞는 수를 선으로 이어 보세요.

18

19

수 20 익히기

◎ 그림을 10개씩 묶고 모두 몇 개인지 세어 수를 써 보세요.

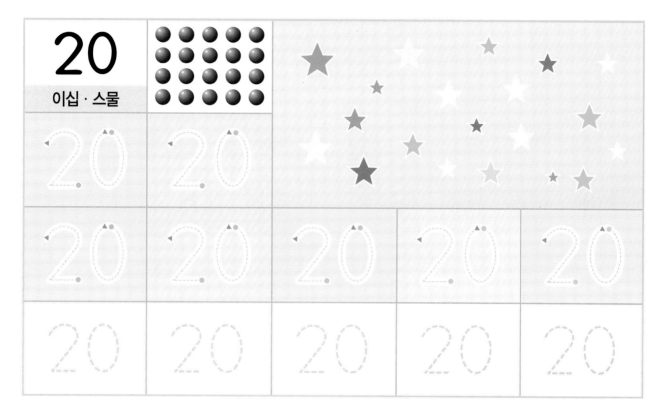

◎ 그림의 개수와 맞는 수에 ○해 보세요.

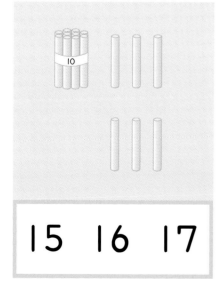

15 16 17

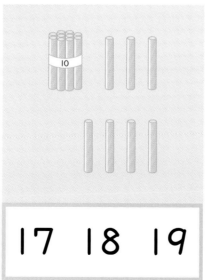

17 18 19

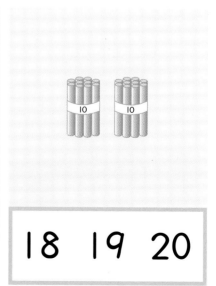

18 19 20

수 11~20 익히기

◎ 그림의 개수를 세어 보고 알맞은 숫자에 ○해 보세요.

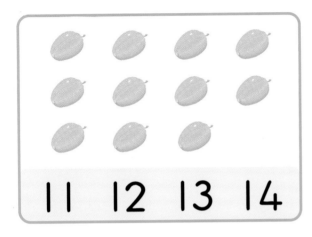

11 12 13 14

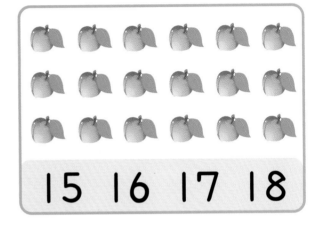

15 16 17 18

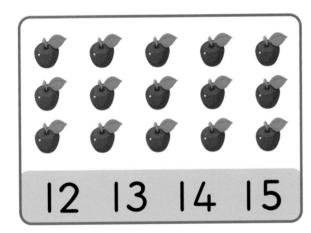

12 13 14 15

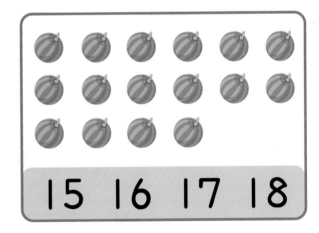

15 16 17 18

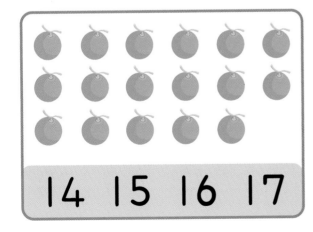

14 15 16 17

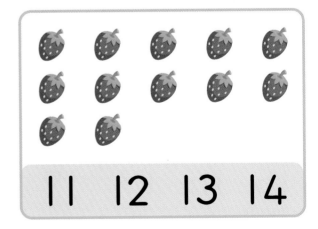

11 12 13 14

수 11~20 익히기

매우잘함 | 잘함 | 보통

◎ 모두 몇 개인지 세어 보고 알맞은 숫자를 찾아 줄로 이어 보세요.

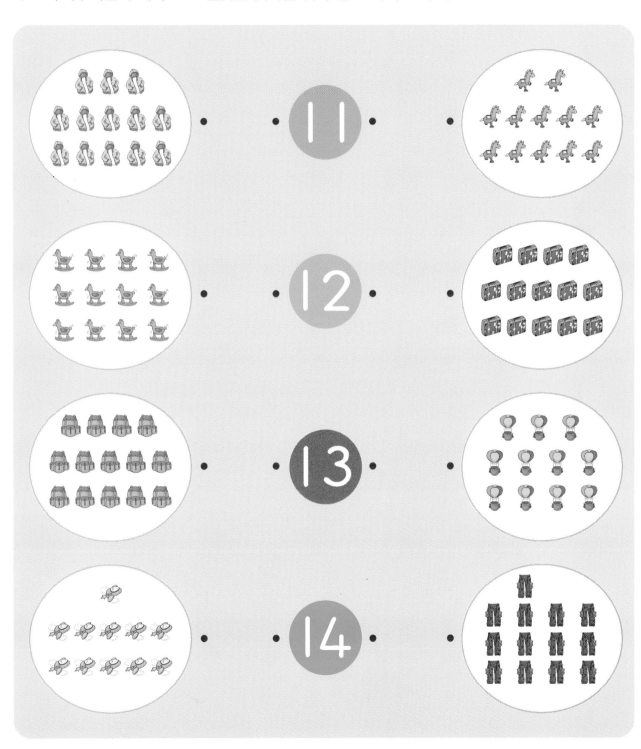

수 11~20 쓰기

매우잘함 | 잘함 | 보통

◎ 11～15까지의 숫자를 바르게 써 보세요.

11	12	13	14	15
11	12	13	14	15
11	12	13	14	15
11	12	13	14	15
11	12	13	14	15

수 11~20 쓰기

매우잘함 | 잘함 | 보통

◎ 16~20까지의 숫자를 바르게 써 보세요.

16	17	18	19	20
16	17	18	19	20
16	17	18	19	20
16	17	18	19	20
16	17	18	19	20

수 11~20 익히기

매우잘함 | 잘함 | 보통

◎ □ 안에 알맞은 수 스티커를 붙여 보세요.

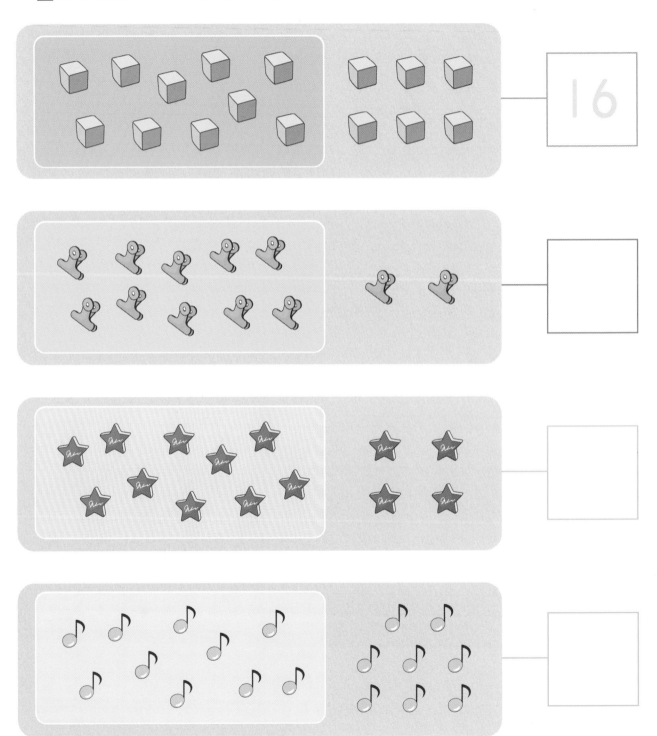

비타민

바로 바로

익힘장

개수 익히기

◎ 왼쪽 그림의 개수와 같은 그림을 찾아 이어 보세요.

   ·   ·

   ·   ·

   ·   ·

   ·   ·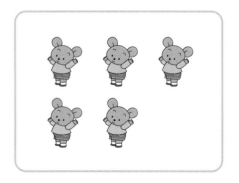

개수 익히기

매우잘함 | 잘함 | 보통

◎ 왼쪽의 수만큼 ◯ 로 묶어 보세요.

개수 익히기

◎ 그림의 개수를 세어 보고 관계 있는 것끼리 줄로 이어 보세요.

　·　　·　삼 · 셋　·　　·　

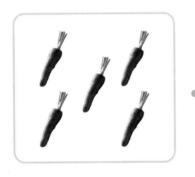　·　　·　사 · 넷　·　　·　

　·　　·　육 · 여섯　·　　·　

　·　　·　오 · 다섯　·　　·　

개수 익히기

매우잘함 | 잘함 | 보통

◎ 그림의 개수를 세어 보고 알맞은 수에 ○ 해 보세요.

1　2　3　④　5

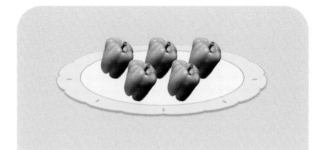

1　2　3　4　5

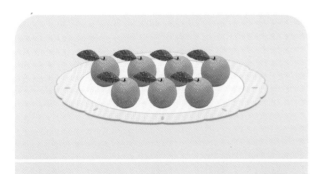

3　4　5　6　7

1　2　3　4　5

3　4　5　6　7

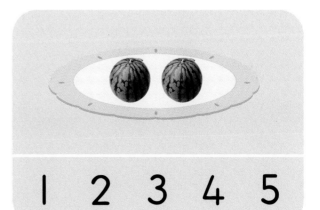

1　2　3　4　5

짝짓기

매우잘함 | 잘함 | 보통

◎ 하나씩 짝지어 보고 더 많은 쪽의 ◯에 색칠해 보세요.

수 1~10 다지기

매우잘함 | 잘함 | 보통

◎ 왼쪽의 개수만큼 ⌣ 로 묶고 묶은 수만큼 □ 안에 알맞은 수를 써 보세요.

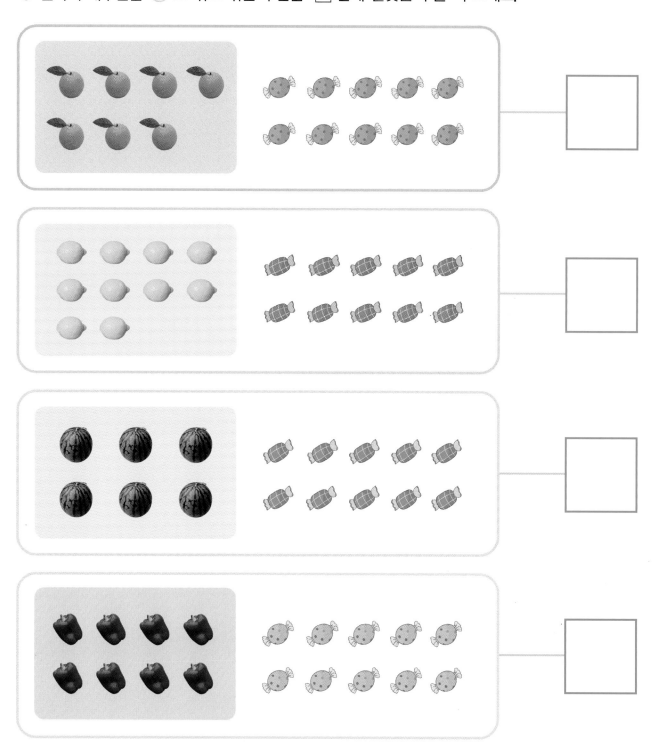

수 1~10 쓰기

매우잘함 | 잘함 | 보통

◎ 1~5까지 수를 읽으면서 바르게 써 보세요.

일 ●	이 ●●	삼 ●●●	사 ●●●●	오 ●●●●●
1	2	3	4	5
1	2	3	4	5
1	2	3	4	5
1	2	3	4	5

수 1~10 쓰기

◎ 6~10까지 수를 읽으면서 바르게 써 보세요.

육	칠	팔	구	십
6	7	8	9	10
6	7	8	9	10
6	7	8	9	10
6	7	8	9	10

수의 크기 비교하기

매우잘함 | 잘함 | 보통

◎ 가운데 있는 수보다 1 작은 수, 1 큰 수를 써 보세요.

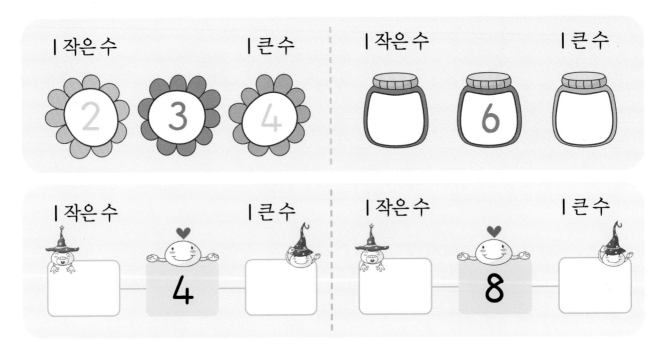

◎ 사이의 수를 써 보세요.

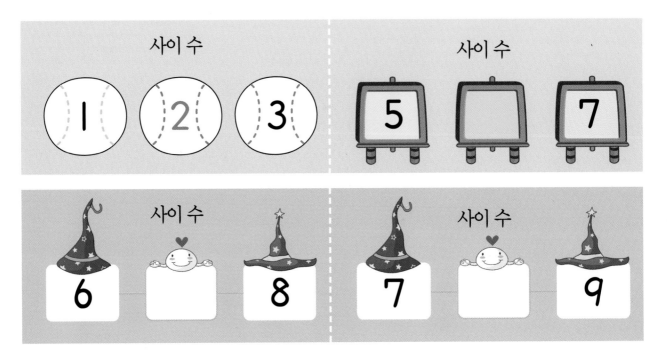

수의 크기 비교하기

◎ 두 수를 비교하여 더 큰 수에 ○해 보세요.

◎ 세 수를 비교하여 가장 큰 수에 ○해 보세요.

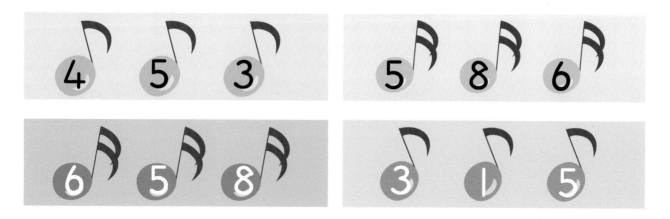

가르기와 모으기

매우잘함 | 잘함 | 보통

◎ 두 수로 가른 수를 □ 안에 써 보세요.

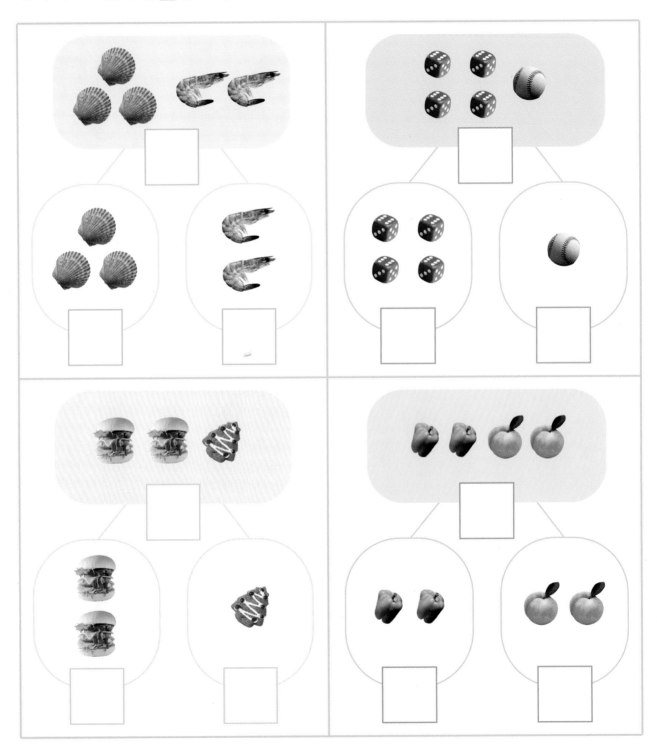

가르기와 모으기

◎ 두 수를 모은 수를 ☐ 안에 써 보세요.

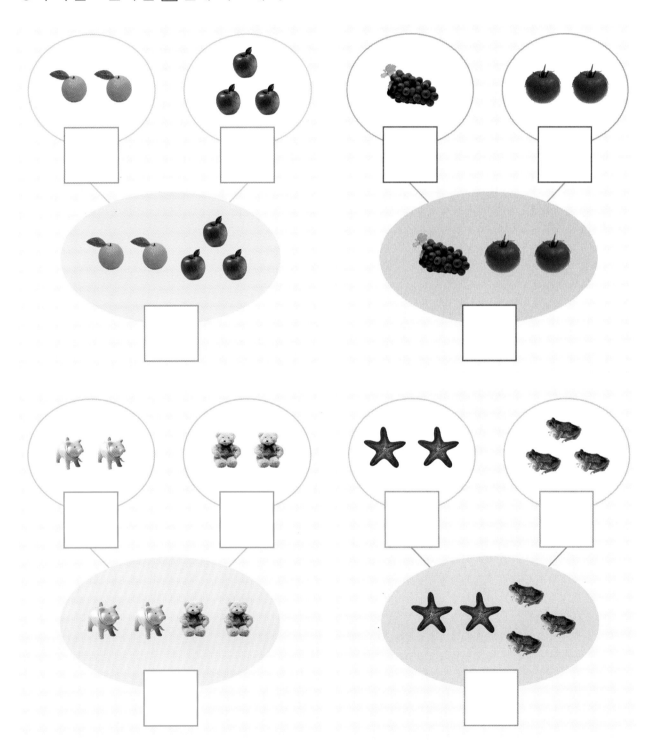

5 이하 수의 덧셈

◎ 그림의 개수를 더해서 알맞은 수에 ○해 보세요.

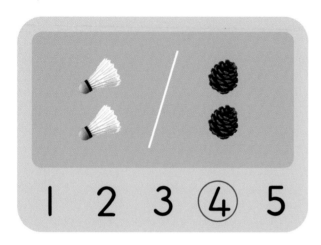

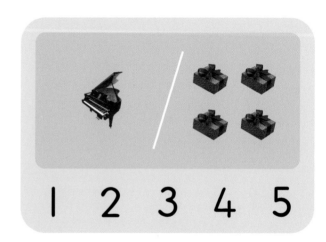

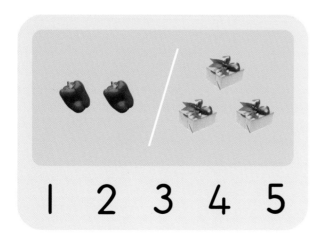

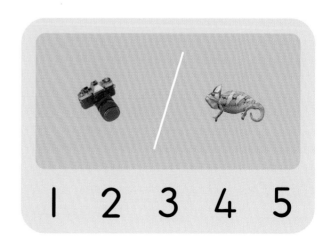

5 이하 수의 덧셈

◎ 덧셈을 하여 □ 안에 알맞은 수를 써 보세요.

$$2 + 3 = \boxed{}$$

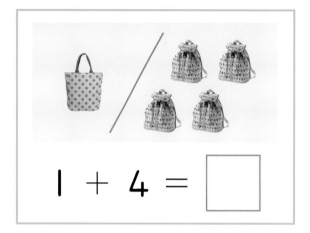

$$1 + 4 = \boxed{}$$

$$3 + 1 = \boxed{}$$

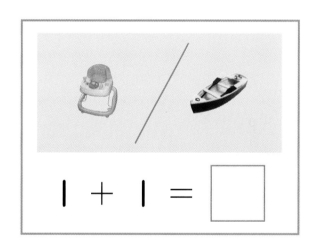

$$1 + 1 = \boxed{}$$

$$2 + 2 = \boxed{}$$

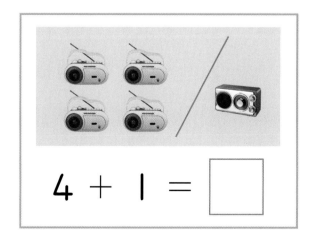

$$4 + 1 = \boxed{}$$

5 이하 수의 덧셈

◎ 덧셈을 하여 □ 안에 알맞은 수를 써 보세요.

3 + 1 = □

$$\begin{array}{r} 3 \\ + 1 \\ \hline \square \end{array}$$

2 + 3 = □   1 + 2 = □

1 + 1 = □   2 + 2 = □

4 + 1 = □   1 + 3 = □

$$\begin{array}{r} 3 \\ + 2 \\ \hline \square \end{array} \qquad \begin{array}{r} 2 \\ + 1 \\ \hline \square \end{array} \qquad \begin{array}{r} 5 \\ + 0 \\ \hline \square \end{array} \qquad \begin{array}{r} 1 \\ + 4 \\ \hline \square \end{array}$$

5 이하 수의 덧셈

매우잘함 잘함 보통

◎ □ 안에 알맞은 수를 써 보세요.

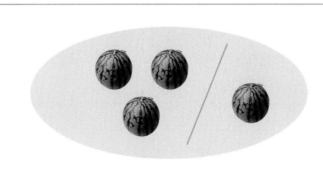

$3 + 1 =$ □

$4 + 1 =$ □

$2 + 2 =$ □

$2 + 3 =$ □

5 이하 수의 덧셈

◎ 덧셈을 하여 ☐ 안에 알맞은 수를 써 보세요.

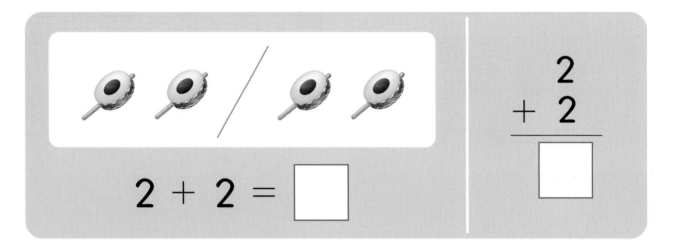

$$2 + 2 = \boxed{}$$

$$\begin{array}{r} 2 \\ + 2 \\ \hline \boxed{} \end{array}$$

$$3 + 1 = \boxed{} \qquad 4 + 0 = \boxed{}$$

$$3 + 2 = \boxed{} \qquad 2 + 0 = \boxed{}$$

$$2 + 3 = \boxed{} \qquad 0 + 5 = \boxed{}$$

$$\begin{array}{r} 1 \\ + 2 \\ \hline \boxed{} \end{array} \qquad \begin{array}{r} 1 \\ + 1 \\ \hline \boxed{} \end{array} \qquad\qquad \begin{array}{r} 1 \\ + 4 \\ \hline \boxed{} \end{array} \qquad \begin{array}{r} 2 \\ + 3 \\ \hline \boxed{} \end{array}$$

5 이하 수의 덧셈

매우잘함 | 잘함 | 보통

◎ 그림을 보고 ☐ 안에 알맞은 수를 써 보세요.

$3 + 1 = \boxed{}$

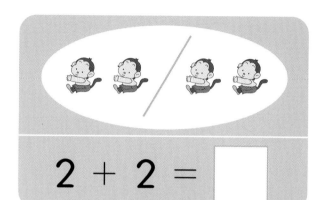

$2 + 2 = \boxed{}$

$2 + 3 = \boxed{}$

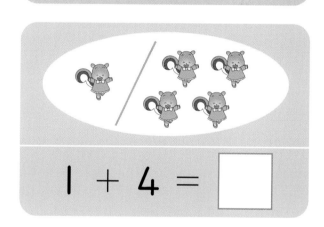

$1 + 4 = \boxed{}$

◎ ☐ 안에 알맞은 수를 써 보세요.

$1 + 3 = \boxed{}$ $3 + 2 = \boxed{}$

$2 + 2 = \boxed{}$ $0 + 3 = \boxed{}$

$4 + 0 = \boxed{}$ $1 + 2 = \boxed{}$

5 이하 수의 덧셈

매우잘함 | 잘함 | 보통

◎ □ 안에 알맞은 수를 써 보세요.

3 + 2 = 5

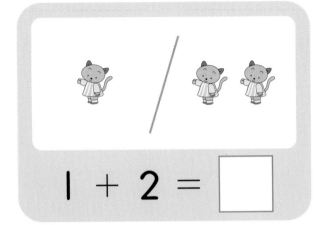

1 + 2 =

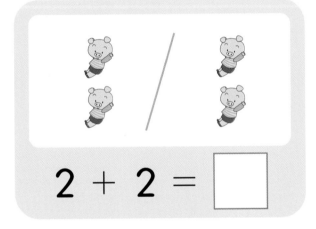

2 + 2 =

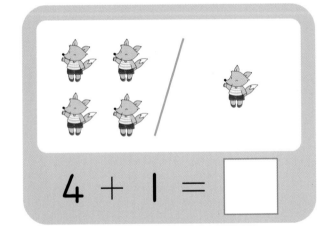

4 + 1 =

2 + 3 =

1 + 1 =

5 이하 수의 뺄셈

매우잘함 | 잘함 | 보통

◎ 뺄셈을 하여 □ 안에 알맞은 수를 써 보세요.

$3 - 2 = \boxed{}$

$4 - 3 = \boxed{}$

$2 - 1 = \boxed{}$

$3 - 1 = \boxed{}$

5 이하 수의 뺄셈

◎ 뺄셈을 하여 □ 안에 알맞은 수를 써 보세요.

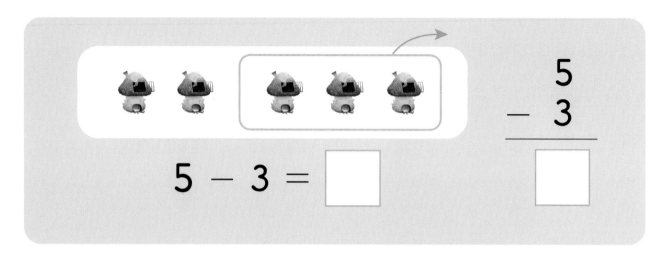

$$5 - 3 = \boxed{}$$

$$\begin{array}{r} 5 \\ -\ 3 \\ \hline \boxed{} \end{array}$$

$$5 - 1 = \boxed{}$$

$$2 - 1 = \boxed{}$$

$$4 - 2 = \boxed{}$$

$$3 - 3 = \boxed{}$$

$$3 - 2 = \boxed{}$$

$$4 - 3 = \boxed{}$$

$$\begin{array}{r} 4 \\ -\ 1 \\ \hline \boxed{} \end{array} \qquad \begin{array}{r} 5 \\ -\ 2 \\ \hline \boxed{} \end{array} \qquad \begin{array}{r} 5 \\ -\ 4 \\ \hline \boxed{} \end{array} \qquad \begin{array}{r} 3 \\ -\ 0 \\ \hline \boxed{} \end{array}$$

5 이하 수의 뺄셈

◎ 그림을 보고 ☐ 안에 알맞은 수를 써 보세요.

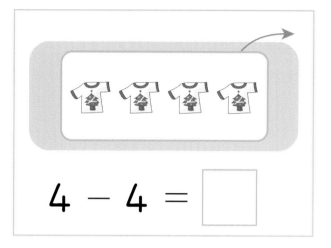

$4 - 4 = $ ☐

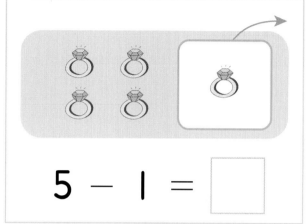

$5 - 1 = $ ☐

$3 - 1 = $ ☐

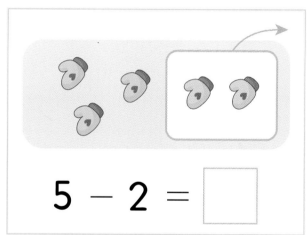

$5 - 2 = $ ☐

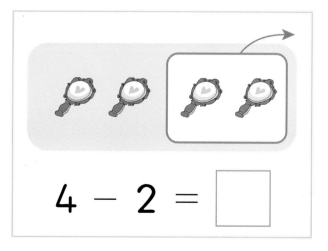

$4 - 2 = $ ☐

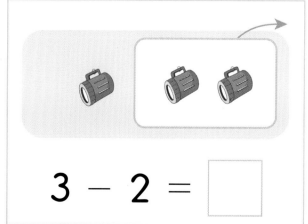

$3 - 2 = $ ☐

5 이하 수의 뺄셈

매우잘함	잘함	보통

◎ □ 안에 알맞은 수를 써 보세요.

$$5 - 1 = \boxed{}$$

$$\begin{array}{r} 5 \\ -\ 1 \\ \hline \boxed{} \end{array}$$

$$4 - 3 = \boxed{}$$

$$5 - 0 = \boxed{}$$

$$2 - 1 = \boxed{}$$

$$4 - 4 = \boxed{}$$

$$5 - 3 = \boxed{}$$

$$3 - 4 = \boxed{}$$

$$\begin{array}{r} 3 \\ -\ 1 \\ \hline \boxed{} \end{array}$$

$$\begin{array}{r} 4 \\ -\ 1 \\ \hline \boxed{} \end{array}$$

$$\begin{array}{r} 2 \\ -\ 2 \\ \hline \boxed{} \end{array}$$

$$\begin{array}{r} 3 \\ -\ 2 \\ \hline \boxed{} \end{array}$$

5 이하 수의 뺄셈

◎ ☐ 안에 알맞은 수를 써 보세요.

$$3 - 1 = \boxed{2}$$

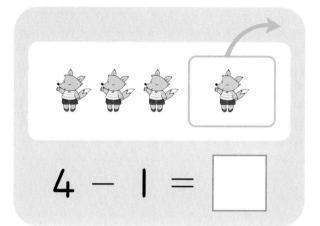

$$4 - 1 = \boxed{}$$

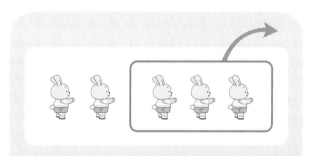

$$5 - 3 = \boxed{}$$

$$3 - 2 = \boxed{}$$

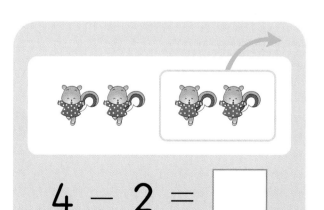

$$4 - 2 = \boxed{}$$

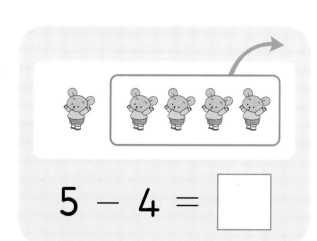

$$5 - 4 = \boxed{}$$

덧셈·뺄셈 다지기

매우잘함 | 잘함 | 보통

◎ 계산을 하여 답이 같은 별에 주어진 색으로 색칠해 보세요.

$1 + 4$

$2 + 2$

$2 - 1$

$4 - 2$

덧셈 · 뺄셈 다지기

매우잘함 | 잘함 | 보통

◎ ☐ 안에 알맞은 수를 써 보세요.

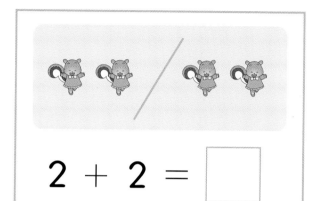

$2 + 2 = \boxed{}$

$4 - 2 = \boxed{}$

$2 + 3 = \boxed{}$

$3 - 2 = \boxed{}$

$1 + 2 = \boxed{}$

$2 - 1 = \boxed{}$

$4 + 1 = \boxed{}$

$5 - 4 = \boxed{}$

$3 + 1 = \boxed{}$

$5 - 2 = \boxed{}$

$$\begin{array}{r} 2 \\ + 1 \\ \hline \end{array} \qquad \begin{array}{r} 5 \\ + 0 \\ \hline \end{array} \qquad \begin{array}{r} 4 \\ - 3 \\ \hline \end{array} \qquad \begin{array}{r} 5 \\ - 3 \\ \hline \end{array}$$

수 11~20 쓰기

◎ 수를 읽고 바르게 써 보세요.

11				
십일 • 열하나				

12				
십이 • 열둘				

수 11~20 쓰기

◎ 수를 읽고 바르게 써 보세요.

13
십삼 • 열셋

14
십사 • 열넷

수 11~20 쓰기

◎ 수를 읽고 바르게 써 보세요.

15 십오 · 열다섯	15	15	15	15
	15	15	15	15

16 십육 · 열여섯	16	16	16	16
	16	16	16	16

수 11~20 쓰기

◎ 수를 읽고 바르게 써 보세요.

17	17	17	17	17
십칠 • 열일곱	17	17	17	17

18	18	18	18	18
십팔 • 열여덟	18	18	18	18

수 11~20 쓰기

매우잘함 | 잘함 | 보통

◎ 수를 읽고 바르게 써 보세요.

19	19	19	19	19
십구 · 열아홉				
19	19	19	19	19

20	20	20	20	20
이십 · 스물				
20	20	20	20	20

 스티커

10쪽

30쪽 6 2 9 4

17쪽

38쪽 8 5 4

39쪽

21쪽

59쪽 4 3 5 4

24쪽

96쪽

29쪽 9 7 6   12 18 14